Ihre Projektmanagement-Tools zum Download

- **Change Request:** Formular für die Beschreibung und Beantragung von Änderungen im Projekt
- **DMI-Matrix:** Zuordnung von Aufgaben und Ausführenden; grundlegendes Planungstool, Grundlage für das Balkendiagramm
- **KANO-Modell:** Sammlung und handliche Darstellung von Kundenerwartungen; für die Vor- und Nachbereitung von Sitzungen
- **Kick-off-Meeting:** Agenda für ein internationales Kick-Off
- **Kommunikationsplan:** Zusammenstellung aller kommunikativen Aufgaben des Projektleiters; ergänzt die Stakeholder-Analyse
- **Kultur-Check:** schneller Vergleich der eigenen Wertehaltungen mit denen von Teammitgliedern und Stakeholdern aus anderen Kulturen; Grundlage zum Erkennen von Konfliktquellen
- **Projektfortschrittskontrolle:** Überblick über die Fortschritte im Projekt und wesentlicher Bestandteil der Feststellung des Fertigstellungsgrads
- **Projektstatusbericht:** Dokumentation des Projektforschritts im Bezug auf Situation, Qualität, Kosten und Termine; wichtiges Steuerungsinstrument
- **Risikomatrix:** Beschreibung der Risiken in internationalen Projekten; zentrales Kontroll-, Steuerungs- und Berichtsinstrument
- **Stakeholder-Analyse und Stakeholder-Portfolio:** Übersicht über alle relevanten Stakeholder und deren Einstellungen; Grundlage für den Kommunikationsplan
- **Team-Kultur-Check:** Darstellung der Ausprägung der unterschiedlichen Kulturdimensionen der Projektmitglieder; wichtiges Instrument zur Führung von internationalen Teams
- **Telefon- und Videokonferenz:** Leitfäden zur optimalen Gestaltung

Bibliografische Information der Deutschen Nationalbibliothek
Die Deutsche Nationalbibliothek verzeichnet diese Publikation in der Deutschen
Nationalbibliografie; detaillierte bibliografische Daten sind im Internet über
http://dnb.ddb.de abrufbar.

ISBN 978-3-448-09876-1
Bestell-Nr. 00253-0001

© 2009, Rudolf Haufe Verlag, Freiburg i. Br.
Redaktionsanschrift: Postfach 13 63, 82142 Planegg/München
Telefon (089) 8 95 17-0, Telefax (089) 8 95 17-2 50
Internet: www.haufe.de
Produktmanagement: Steffen Kurth

Redaktion und DTP: Sylvia Rein und Nicole Jähnichen, München
Umschlaggestaltung: Kienle gestaltet, Stuttgart
Druck: Schätzl Druck, Donauwörth

Dr. Lothar Gutjahr
Christoph Nesgen

Internationale Projekte leiten

Haufe Mediengruppe
Freiburg • Berlin • München

Inhalt

Einführung

Die Anforderungen an die Qualifikation international erfolgreicher Projekt-manager sind vielfältig. Noch vor Jahren war hier vor allem die fachliche Kompetenz gefordert. Inzwischen sind die nötigen Kompetenzen weiter auf-gefächert:

- Fachlich sollen Projektleiter auf dem neuesten Stand ihrer Branche sein.

- Methodisch müssen sie in der Lage sein, PM-Standards nach ihren Be-dürfnissen anzuwenden und in Wirkungszusammenhängen zu denken.

- Sozial werden sie vor allem im Hinblick auf ihre kommunikativen Fä-higkeiten gefordert, und

- persönlich müssen sie belastbar, ausgeglichen und flexibel sein.

- Bei internationalen Projekten kommt hinzu, dass Projektleiter mit der Vielzahl der verschiedenen Ansprüche, Haltungen, Werte und Gewohn-heiten produktiv umgehen können müssen.

Statt einer starren Anwendung vorgegebener Tools besteht der richtige Weg häufig darin, die genannten fünf Komponenten integriert zu betrachten, Rahmenbedingungen zu analysieren, Handlungsoptionen zu bestimmen und Wirkungszusammenhänge zu berücksichtigen.

Welche Wege Sie beschreiten können, um auf dem internationalen Parkett erfolgreich Fuß zu fassen, zeigt Ihnen – ausgehend von typischen Szenarien des Projektalltags – dieses Buch. Es basiert auf unserer jahrelangen Erfah-rung in Projekten mit Auslandsbezug, auf dem kultursystemischen Ansatz, den wir für die internationale Projektarbeit entwickelt haben, und hilft Ihnen beim Finden von Lösungen in scheinbar ausweglosen Situationen.

Wir wünschen Ihnen viel Erfolg bei Ihren Projekten.

Dr. Lothar Gutjahr und Christoph Nesgen

1 Den Projektauftrag klären

Die wesentliche Aufgabe eines Projektleiters ist es, den Überblick zu gewinnen und zu behalten. Ausgangspunkt ist hierbei der Projektauftrag, zumal in den viel komplexeren internationalen Projekten. Gerade hier steht jeder Projektleiter vor drei Aufgaben:

- Zum einen gibt es die etablierten Methoden und Tools des Projektmanagements zur Auftragsklärung. Obwohl diese Aufgabe Kosten senkt, Zeit spart und Konflikte vermeidet, ist deren „gefühlter Wert" anders: Noch ein Gespräch mit einem Entscheider, noch eine Sitzung - all das kostet Zeit.

- Zum zweiten haben Sie es mit Menschen zu tun. Wohl oder übel müssen Sie Ihre Stakeholder kennen. Sie müssen diese analysieren und mit ihnen in Kontakt bleiben. Projektmanagement bedeutet, Menschen zu bewegen, damit Sachziele erreicht werden.

- Zum dritten bestimmt die jeweilige Arbeitskultur, wer was wie wichtig nimmt, was Pünktlichkeit bedeutet und welche Rahmenbedingungen und Erwartungen zwischen den Zeilen eine Rolle spielen. Kulturelle Erfahrungen und Werte entscheiden unmittelbar darüber, wie eine Person im Projekt agiert.

Wie Sie mit diesen drei Bällen jonglieren und dabei alle in der Luft behalten, erfahren Sie in diesem Kapitel.

Der Projektauftrag: Was Sie brauchen, um loszulegen

Dr. Schuler aus Deutschland ist seit 25 Jahren als IT-Experte tätig. Er ist Ingenieur und ein erfahrener Projektleiter. Vor sechs Monaten wechselte er in die interne IT-Abteilung eines internationalen Konzerns. Seit 10 Tagen ist er als Projektleiter für die Einführung eines neuen IT-Tools in Europa zuständig. Die erste Sitzung mit den Vorständen und einigen Marktchefs verlief beinahe reibungslos, wenn auch ein wenig kurz für seinen Geschmack. Er konnte die Eckdaten seines Projekts klären: Er erfuhr, wer seine Mitarbeiter sind, wie hoch sein Budget sein wird und was von ihm erwartet wird: Eine einheitliche Anwendung des neuen IT-Tools in allen europäischen Märkten des Unternehmens durch den Vertrieb vor Ort. „Sonderbedingungen" darf es nicht mehr geben, denn dies würde die erhofften Einsparungen schmälern. Und der Zeitrahmen ist eng – schließlich sollen bereits im kommenden Jahr Einsparungen erwirtschaftet werden. Zum Abschluss wünschen die Anwesenden ihm viel Erfolg für das Einstiegsgespräch mit den Vertriebsleitern vor Ort. Nach dem Meeting beschleicht ihn das vage Gefühl, dass ihm Ziele und Aufgaben nicht wirklich klar sind. Kann Dr. Schuler auf dieser Basis das Projekt starten?

Wege zur Lösung

1 Der klassische Weg: Auf der Sachebene klären

Statt die Sitzung als Auftakt für den Prozess der Auftragsklärung zu begreifen, gehen die anderen Beteiligten davon aus, dass Dr. Schuler nun unmittelbar „loslegt", denn

■ er kennt die inhaltlichen Anforderungen wie z. B. den Zeitrahmen für die betriebsbereite Installation des neuen IT-Tools, das zur Verfügung stehende Budget, den Stand der Verhandlungen mit dem Lizenzgeber und die personellen Ressourcen seines Kernteams. Dies sind zweifellos wesentliche Eckpunkte der fachlich-sachlichen Projektabwicklung.

■ Auch methodisch konnte er ein paar Klärungen herbeiführen: Er ist jetzt im Bilde, welche Entscheidungswege für sein Projekt wichtig sind.

In der klassischen Projektmanagement-Sprache heißt dies:

■ Das „magische Dreieck" jedes Projekts (Qualität, Zeit und Kosten) ist weitgehend geklärt.

■ Entscheidungsprozesse sind im Grundsatz definiert.

■ Das Kernteam ist vorhanden.

■ Auch Tools hat Dr. Schuler: Durch seine Einarbeitung hat er die im Unternehmen verwendeten Steuerungstools kennengelernt und kann ihre Funktionsweise mit den ihm bekannten PM-Tools abgleichen.

Dr. Schuler ist beim klassischen Weg ebenso wie seine Auftraggeber auf die sachliche Seite des Projekts fixiert. Er analysiert nach der Auftaktbesprechung die Details der Vorgaben, bespricht sich mit den vorangegangenen Projektverantwortlichen und anderen Beteiligten, um die Rahmenbedingungen und den Projektumfang, den Scope, zu verstehen. Er krempelt die Ärmel hoch und legt los. Weitere Fragen sind seitens der Auftraggeber unerwünscht, schließlich ist Dr. Schuler doch ein erfahrener Profi – oder etwa nicht?

Seine Auftraggeber möchten eine schnelle Übergabe des Projekts an ihn – er übernimmt diese Sichtweise und glaubt, mit dem ersten Meeting sei im Hinblick auf den Projektauftrag alles geregelt. Dabei hat er allerdings entscheidende Größen noch nicht geklärt. Bei seinem Vorgehen verlässt er sich allzu sehr auf seine Erfahrungen: Diese führen ihn dazu, die sachliche Seite des

Projektmanagements über zu betonen. Während er klare Prozesse beschreibt, Strukturen aufbaut, Tools und Methoden anwendet und somit seine Werkzeuge zurechtlegt, berücksichtigt er jedoch die informellen, unsichtbaren Faktoren zu wenig:

- die Motivation seines Kernteams,
- Einstellungen der Auftraggeber und
- Aspekte einer geregelten Kommunikation.

Der erste Eindruck von Dr. Schuler war: Die Besprechung war zu kurz für die gegebene Komplexität. Richtig! Formal betrachtet hatte er eine erste Sitzung mit seinen Auftraggebern. Diese dient im Allgemeinen dazu, die Ziele und Rahmenbedingungen des Projekts *grob* abzustecken und so eine Erfüllung des Projektauftrags überhaupt erst zu ermöglichen. Da Dr. Schuler nicht bereits bei den Anfängen des Projekts dabei war, d. h., da er nicht alle vorangegangenen Diskussionen begleitete, hätte der Sinn des Meetings eigentlich sein müssen, ihm die Details zu verdeutlichen.

Zielsetzung und Rahmenbedingungen des Projekts sind aber wie Leuchtfeuer und Karten für einen Segler. Dr. Schuler hätte in der Sitzung Orientierung über die drei zentralen Fragen abfragen sollen:

- **Woher?** Wie ist das Projekt entstanden? Welche Probleme führten zur Initiierung des Projekts? Wer war an den bisherigen Gesprächen und Überlegungen beteiligt? Welche Entscheidungen sind bereits gefallen und wer traf sie?

- **Wo?** In welchem Stadium ist das Projekt? Wie ist der Informationsstand der Beteiligten? Was wurde bereits auf den Weg gebracht, angeschafft? Wie ist die Infrastruktur des Projekts bislang?

- **Wohin?** Welche konkreten Anforderungen müssen durch die Projektergebnisse erfüllt werden? Welche Lösung wird erwartet? Welche Kriterien werden für die Projektbewertung zugrunde gelegt?

Termine, Kosten und Qualität: Dieser Weg stellt die sachlichen Aspekte eines Projekts in den Vordergrund – Termine, Kosten und Qualität – und ist daher auch der Grundstein für deren Einhaltung.

Karriere: Auch persönlich kommt der Weg vielen Projektmanagern, insbesondere wenn sie aus technischen Berufen stammen, zugute. Vorgesetzte in diesen Branchen und Berufen beurteilen Ihre Leistung vor allem nach fachlichen Gesichtspunkten, und so hat der Ansatz auch positive Auswirkungen auf Ihre Karriere.

Termine, Kosten und Qualität: Wenn Sie die sachlichen Projektaufgaben betonen, haben Sie die Themen Termine, Kosten und Qualität zwar planerisch im Griff. Zur Steuerung und Umsetzung aber benötigen Sie die Unterstützung von Mitarbeitern, Kollegen und Experten.

Qualität: Ihre Vorgesetzten werden zudem wenig beeindruckt sein, wenn die Ergebnisse Ihres Projekts hinter den Erwartungen zurück bleiben.

Fazit: Wann dieser Weg Erfolg verspricht

Bei kleinen und mittleren Projekten können Sie es sich noch leisten, die formale, sachliche oder inhaltliche Seite zu betonen. Je komplexer aber die Anforderungen an den Projektleiter sind, je mehr Akteure an der Auftragsformulierung beteiligt sind, umso größer ist die Wahrscheinlichkeit, dass es Interessenunterschiede gibt, die sich im Projektauftrag niederschlagen: durch ungenaue oder widersprüchliche Formulierungen.

2 Der analytische Weg: Implizite Erwartungen erfassen

Bei diesem Weg geht es darum, die in Weg 1 angesprochenen informellen Faktoren zu berücksichtigen, die bei der Auftragsklärung eine wesentliche Rolle spielen: Kommunikation, Konfliktmanagement, Motivation. Hinzu kommen noch weitere Punkte wie interkulturelles Verständnis, Verhandlungen, Präsentationen usw. Dies sind die entscheidenden Erfolgsfaktoren für internationale Projektmanager, wie die folgende Grafik zeigt:

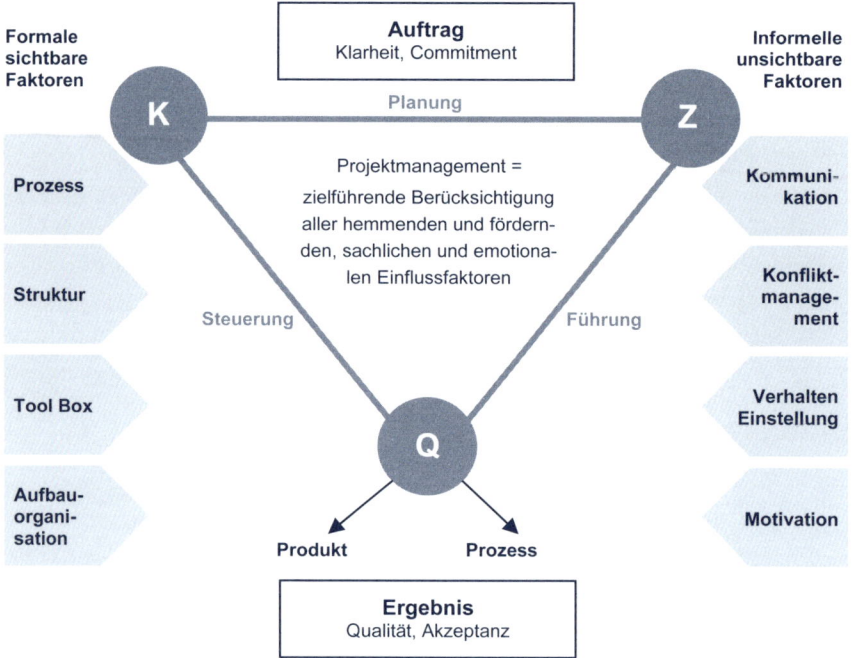

Sichtbare und unsichtbare Faktoren

Dr. Schuler konnte in der Sitzung mit seinen Auftraggebern einige sachliche Punkte klären, nicht aber die wichtigen unsichtbaren Fragen:

- **Interne Kommunikation:** Obwohl die Vorgesetzten der Vertriebsleiter in der ersten Sitzung mit Dr. Schuler anwesend waren, kommunizieren sie ihre Beschlüsse nicht an die eigenen Teams, wie er erst im Nachhinein erfahren musste. Dr. Schuler hat ein Kernteam, aber die Zuständigkeiten bzw. der Umfang der Unterstützung durch die Märkte sind unklar. Wer sind vor Ort die Treiber des Projekts? Wie viele Personen werden in dem Projekt mit welchem Wochenumfang arbeiten? Welche marktbezogenen Kenntnisse sind im Projekt vorhanden und für Dr. Schuler abrufbar? Auf diese Fragen hätte er in der Sitzung Antworten erhalten sollen. Es ist die Aufgabe der Vorgesetzten, ihre Mitarbeiter über das Projekt zu informieren, die nötigen Ressourcen bereitzustellen und das Bewusstsein des Vertriebs für die Bedeutung des Projekts zu schärfen. Die Vorgesetzten von Dr. Schuler belassen es leider beim Beglückwünschen.

- **Motivation:** In der Sitzung bleibt unklar, welche Motivationen zu dem Projekt geführt haben. Das Einsparpotenzial aufgrund von standardisierten Abläufen war die Motivation des Vorstandes. Was aber motiviert diejenigen, die nun mit dem neuen Tool arbeiten sollen? Welche Vorteile haben sie? Vereinfachen sich deren Bearbeitungswege? Verkürzen sich die Eingabezeiten? Wird die Lagerhaltung sicherer? Ein paar Hinweise hierzu wären nicht nur hilfreich, sondern würden den Einstieg in das Projekt vereinfachen: Die Einführung neuer Tools ohne Erläuterungen führt bei Usern oftmals eher zu Widerständen als zu kooperativem Verhalten.

- **Verhalten / Einstellung:** Damit ist eine weitere, zentrale Größe angesprochen, die über den Erfolg des Projekts entscheidet. Die Auftraggeber sind die Entscheider und wesentlichen Unterstützer des Projekts im Unternehmen. Daher ist die Analyse ihrer Einstellungen und Verhaltensweisen für den Projektleiter von großer Bedeutung: Wie sehen die Einzelnen das Projekt? Gibt es unterschiedliche Meinungen, vielleicht sogar Interessensgegensätze oder Konflikte unter den Sponsoren?

Um in internationalen Projekten erfolgreich zu sein, sollte Dr. Schuler sich darauf konzentrieren, zunächst die Ausgangslage genau zu analysieren, d. h., er sollte die expliziten und impliziten Erwartungen an sein Projekt erkennen, insbesondere die der Auftraggeber – sie stehen an erster Stelle: Zu deren Klärung empfiehlt sich die Anwendung der KANO-Methode. Mithilfe dieses Verfahrens werden die verschiedenen Erwartungen erfasst. Es dient als Vorarbeit sowohl für die Zielerreichungsplanung als auch für das Risikomanagement):

1   Zunächst werden die ausdrücklich formulierten und von beiden Seiten (Auftraggeber und -nehmer) akzeptierten Erwartungen erhoben. Typischerweise schlagen diese sich in einem schriftlichen Angebot, den Spezifikationen, einem Pflichtenheft, einem Projektauftrag o. Ä. nieder. Manchmal sind es aber auch einzelne Punkte, die mühsam aus den Unterlagen (z. B. Sitzungsprotokollen, E-Mails) zusammen getragen werden müssen. Das Ergebnis seiner Recherche legt der Projektleiter dann den Auftraggebern zur Bestätigung vor, um Fehler und Missverständnisse zu vermeiden.

2 Als nächstes befragt der Projektleiter die Auftraggeber nach etwaigen noch nicht ausgesprochenen Erwartungen. Wenn das Projekt insgesamt kontrovers beurteilt wird, können Einzelgespräche sinnvoll sein. Oft sind es Erwartungen, welche die Auftraggeber für selbstverständlich halten und sie deshalb gar nicht erwähnen. Aber was der eine als Selbstverständlichkeit sieht, hält der andere möglicherweise für eine Zusatzleistung!

Nur wenn die Leistungs- sowie die Basiserwartungen durch das Projekt erfüllt werden, ist der Kunde / Auftraggeber zufrieden, denn er bekommt, was er erwartet hatte.

3 Der dritte Bereich sind die im Projekt möglicherweise realisierbaren Zusatznutzen oder Sonderleistungen. Dies sind im engeren Sinne keine Erwartungen der Auftraggeber. Wenn das Projekt jedoch zusätzliche Leistungen erbringt, führt das zu einer deutlich höheren Zufriedenheit bei den Sponsoren und ist insofern wünschenswert. Hierzu sollte sich der Projektleiter überlegen: Gibt es solche Zusatzleistungen, die im Rahmen des gegebenen finanziellen und zeitlichen Budgets erbracht werden können?

 VORSICHT BOMBE!

Als Projektleiter sollten Sie auf folgende Tabus achten, wenn Sie Zusatznutzen schaffen möchten: Budgetüberschreitung und Zeitüberschreitung. Der Zusatznutzen muss aus Sicht der Kunden / Auftraggeber auch ein wirklicher Nutzen sein.

So entschärfen Sie die Bombe

1 Versprechen Sie einen Zusatznutzen nicht gleich zu Beginn des Projekts, sondern setzen Sie ihn später als Bonus ein.

2 Lassen Sie Ihrem Kunden die Wahl, ob er die Zusatzleistung wirklich haben möchte.

4 Der vierte Bereich des KANO-Modells und damit der Planung durch den Projektleiter ist die so genannte Un-Qualität. Hier wird alles gesammelt, was den Kunden so richtig unzufrieden machen würde, also alles, was im Projekt nicht passieren darf.

Mit dieser ersten Brainstorming-Liste haben Sie nebenbei eine gute Basis für Ihr Risikomanagement gelegt, das sich als eine weitere Aufgabe an die Auftragsklärung anschließt.

PRO

Termine, Kosten und Qualität: Wenn Sie die Erwartungen Ihrer Auftraggeber en detail klären, liegen Sie fast immer richtig. Diese Erwartungen sind nicht nur die Grundlage Ihrer Planung, sondern auch der Maßstab Ihres Erfolgs – bezüglich der Termintreue, des Kostenrahmens und Ergebnisqualität.

CONTRA

Termine: Zeitdruck ist der beherrschende Faktor vieler Auftraggeber. So versuchen Sie diesen Druck an den Projektleiter weiter zu geben, mit dem Ergebnis, dass nicht genügend Zeit für eine gründliche Auftragsklärung bleibt. Häufig steht auch die Befürchtung dahinter, dass die verlängerte Planungszeit zu einer insgesamt längeren Projektlaufzeit führt.

Fazit: Wann dieser Weg Erfolg verspricht

Der mit Hilfe des KANO-Modells zu bewerkstelligende Weg der ausführlichen Auftragsklärung ist grundsätzlich immer sinnvoll – allerdings dann oft schwierig, wenn Vorgesetzte oder Sponsoren sehr ungeduldig sind. Da eine Auftragsklärung im Detail fast nie in einer kurzen Sitzung machbar ist, müssen Sie als Projektleiter einen Teil der Arbeit alleine tun und Ihre Ergebnisse den Sponsoren zur Bestätigung vorlegen. Dieser Weg klappt auf keinen Fall, wenn das Projekt eines von denen ist, die scheitern sollen. Allerdings haben Sie bei Anwendung des KANO-Modells eine gute Chance, dies frühzeitig zu erkennen. Dann können Sie überlegen, ob Sie ein solches „Himmelfahrtskommando" überhaupt übernehmen möchten.

Unser Weg: Eine klärende Sitzung – so sind wir vorgegangen

Dr. Schuler hat sich – nach einem kurzen Coaching – dazu entschlossen, ein Protokoll der Sitzung zu schreiben. Dies hat er allen Teilnehmern des Meetings gemailt. Danach führte er Einzelgespräche mit allen Teilnehmern, um deren Sicht des Projekts zu klären. Hierzu legte er sich einen Interviewleitfaden zurecht, der seine wichtigsten Fragen umfasste. Nach den Gesprächen trug er alle Aspekte in seinem KANO-Modell ein und präsentierte die Ergebnisse den Auftraggebern. Zwar waren diese über eine weitere Sitzung nicht sehr erfreut, konnten sich den Argumenten von Dr. Schuler aber nicht entziehen: Da er das liefern soll, wofür sie ihn beauftragen, müssen sie ihm zunächst die Chance geben, den Auftrag richtig zu verstehen. Das spart im Projektverlauf Nachbesserungen und Zusatzarbeit.

 KLARTEXT: WAS SIE BRAUCHEN, UM LOSZULEGEN

1   Bei einem Arztbesuch erwartet kein Mensch eine Spritze, bevor nicht die Diagnose vorliegt. Warum sollte das in einem Projekt anders sein?

2   Auftraggeber haben immer eine eigene Agenda – manchmal ist sie machtpolitisch begründet und kalkuliert ein Bauernopfer ein. Dieses könnten Sie sein. Achten Sie also darauf, dass Ihr Projekt auch machtpolitisch abgesichert ist: Sorgen Sie für sichtbare Unterstützung durch Repräsentanten höherer Hierarchieebenen.

3   Verhandeln Sie! Nehmen Sie Aufträge nicht als naturgegeben. Zwar gehen Sie dann das Risiko ein, als nervig angesehen zu werden. Wenn Sie aber in der Lage sind, diese Penetranz fachlich zu begründen, gewinnen Sie.

Weltweit in einem Boot: Stakeholder einbeziehen

DAS SZENARIO 〉〉

Für einen deutsch-britischen Nahrungsmittelhersteller soll Marlene Ley die Effizienz der Produktionsstandorte Manchester und Lyon verbessern. In Großbritannien hat sie es dem Standortleiter überlassen, das Projekt und seine Ziele darzustellen, sie selbst hat in einer dortigen Sitzung den Zeitplan des Projekts und die Details der Planung vorgestellt. So konnten die Produktionsleiter nachvollziehen, wie sich das Projekt auswirkt und was im Einzelnen zu tun sein wird. Das Meeting in Lyon empfindet sie allerdings als deutlich unproduktiver: Es beginnt mit einer längeren Phase der Vorstellung, gefolgt von einer Grundsatzdiskussion über den Sinn des Vorhabens, in der klar wird, dass die französischen Partner dem Projekt eher negativ gegenüberstehen. Die von ihr vorbereiteten Details über Ziele und Aufgaben werden nur zur Kenntnis genommen. Die Atmosphäre verbessert sich auch beim anschließenden ausführlichen Mittagessen nicht. Da diese „Freizeitaktivität" für Marlene Ley deutlich zu lange dauert, versucht sie das Gespräch auf berufliche Themen und das Projekt zu lenken, woraufhin jede weitere Unterhaltung versiegt. Kann Marlene Ley unter diesen Umständen das Projekt in den Griff bekommen? Was kann sie tun, um den wichtigen französischen Stakeholder ins Boot zu holen?

Wege zur Lösung

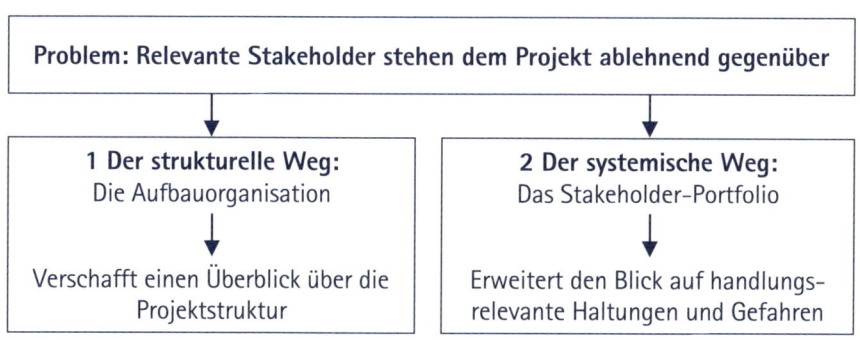

1 Der strukturelle Weg: Die Aufbauorganisation

Mit dem Begriff Aufbau- oder Projektorganisation sind die Personen und ihre strukturellen Beziehungen gemeint, die mit direkt für die Projektdurchführung relevanten Aufgaben betraut sind. Dazu gehören auch die unternehmensspezifischen Anforderungen: die Sicherung des Projektablaufs und des Ergebnisses. Es ist besonders wichtig – so hat es Marlene Ley in einem Projektmanagementseminar gelernt – alle Aufgaben, Kompetenzen (Rechte) und Verantwortungen (Pflichten) im Rahmen der Projektdefinition explizit zu regeln.

Dies versucht sie mittels einer gründlichen Vorbereitung ihrer Vorschläge und im Rahmen von Sitzungen mit den beiden Teams in Frankreich bzw. Großbritannien umzusetzen. Sie möchte die Steuerfähigkeit im Projekt herstellen, damit klar geregelt ist, wer den Projektfortschritt bezüglich Ergebnissen, Terminen und Budget überprüft und verantwortet bzw. wer Änderungen (Change Requests, siehe Tool auf S. 120) entscheidet.

In internationalen Projekten existieren typischerweise fünf Aufgabengruppen:

- Sicherung der Kundenzufriedenheit
- Gesamtunternehmerische Verantwortung
- Durchführungsverantwortung
- Aufgabenverantwortung
- Spezialverantwortung

Dies schlägt sich zumeist in vier Projektgremien nieder:

- dem Lenkungsausschuss (auch: Review Board oder Steering Committee genannt)
- dem Projektleiter (auch: Projektmanager)
- dem Projektteam
- Gruppen mit besonderer Verantwortung, z. B. Qualitätszirkel, Arbeitsgruppen, Task Force

Die wesentlichen Aufgaben bzw. die Zusammensetzung dieser Gremien sind:

Projektgremien und ihre Aufgaben	
Projektlenkungsausschuss	
Projektver-antwortung	■ Kontakt zum (externen) Projektkunden ■ Erstellung der Ziele und Aufgaben ■ Zusammenstellen des Projektteams ■ Einsetzen der Projektleitung ■ Überwachung des Projektfortschritts ■ Genehmigung der Projektplanung ■ Durchsetzung und Verfolgung der Projektergebnisse ■ Unterstützung des Projektleiters bei Konflikten mit anderen Unternehmensbereichen ■ Klärung strategischer Fragen (z. B. Zeit- oder Budgetüberschreitung, grundlegende Change Requests)
Mitglieder	■ Unternehmensleitung ■ Entscheidungsträger unterschiedlicher Bereiche ■ Betriebsrat ■ Projektleiter ■ Kundenrepräsentanten
Projektleitung	
Projektver-antwortung	■ Sachliche und methodische Projektführung ■ Planung, Steuerung und fachliche Führung des Projekts ■ Finale Verantwortung für das Einhalten des Zeit- und Kostenbudgets sowie der Qualitätsanforderungen des Produktes ■ Fachliche Führung des Projektteams ■ Operative Zusammenarbeit mit der Kundenseite ■ Entscheidung über Change Requests
Mitglieder	■ Projektleiter ■ Projektverantwortliche für Unterprojekte
Projektteam	
Projektver-antwortung	■ Durchführung der Projektarbeiten ■ Verantwortung für die unter Zeit-, Kosten- und Qualitätsgesichtspunkten zu sehende Realisierung der Aktivitäten
Mitglieder	Alle Personen mit Umsetzungsverantwortung
Arbeitsgruppen	
Projektver-antwortung	■ Analyse besonderer Problemstellungen ■ Sachliche und methodische Erarbeitung von Lösungsvorschlägen ■ Koordination besonderer Aufgaben bzw. unterschiedlicher Bereiche
Mitglieder	Alle Personen, die entweder sachlich oder durch hierarchische Unterstützung einen Beitrag leisten können

Indem Frau Ley die oben genannte Struktur etabliert, schafft sie zunächst Klarheit über die internen Beziehungen und Zuständigkeiten. Damit ist ein wesentlicher Grundstein des weiteren Vorgehens gelegt. Nun kann sie Kontakt zu den Unterteams an den Standorten aufnehmen und die weitere Zusammenarbeit besprechen.

Allerdings hat sie dabei die entscheidende Besonderheit des internationalen Projektmanagements übersehen. Die wesentliche Frage in allen Projektgremien ist: Wer ist drin? Das bedeutet, es ist *zu Beginn* nicht entscheidend, die exakte sachliche Zuständigkeit zu klären. Entscheidend ist zunächst die personelle Zusammensetzung. Aufgrund der Besonderheiten unterschiedlicher Arbeits- und Geschäftskulturen kann es sein, dass:

- auch Mitglieder bestellt werden müssen, die nicht im funktionalen Zusammenhang zum Projekt stehen (z. B. der Neffe des Niederlassungsleiters), oder

- eine hierarchisch durchmischte Zusammensetzung die Arbeitsfähigkeit verhindert, weil einzelne Mitglieder „unter ihrer Würde" eingesetzt sind bzw. andere nicht freimütig mit höher Gestellten zusammenarbeiten wollen / können.

Was Frau Ley u. a. nach dem Besuch in Lyon gelernt hat, ist, dass die Strukturierung der Aufbauorganisation, der Verantwortlichkeiten und Weisungsbefugnisse eine wesentliche Aufgabe ist – allerdings sollte diese Aufgabe nicht die erste sein, mit der sie sich als neue Projektleiterin beschäftigt. Sie muss ihren Blick weiten ...

 PRO

Termine: Eine klare Organisation ist in kurzer Zeit zu schaffen. So ergeben sich keine großen Verzögerungen beim Start des Projekts. Außerdem haben Sie so die wesentlichen (offiziellen) Entscheidungsstrukturen dokumentiert und abrufbereit parat.

Karriere: Im Hinblick auf Ihre Karriere zeigen Sie, dass Sie die Klaviatur des Prozessmanagements beherrschen, und Sie empfehlen sich so für weitere Aufgaben.

Termine und Kosten: Gegen das Arbeiten mit Aufbauorganisationen spricht in der Regel relativ wenig, da die finanziellen und zeitlichen Kosten zumeist gering sind. Ausnahmen sind diejenigen Projekte, bei denen die Stakeholder aus sehr unterschiedlichen Organisationen stammen und diese womöglich in der Projektorganisation repräsentieren oder aus unterschiedlichen, vielleicht sogar verfeindeten (Arbeits-)Kulturen stammen. Auch können Terminverzögerungen auftreten, die Sie nicht vorhergesehen haben. So gibt es immer wieder Abstimmungsbedarfe, die sich nicht aus der Logik der Aufbauorganisation oder den offiziellen Zuständigkeiten ergeben, sondern z. B. aus interner Machtpolitik oder verletzten Eitelkeiten.

Fazit: Wann dieser Weg Erfolg verspricht

Dieser Weg ist bei nationalen Projekten oft zu bevorzugen, insbesondere im Rahmen einer reinen Projektorganisation und wenn sich alle Beteiligten bereits seit langem kennen und bereits miteinander gearbeitet haben. Dieser Ansatz kann auch gewählt werden, wenn die Zuständigkeiten besonders komplex sind und es für die operativen Fragen des Projektverlaufes keine klare Entscheidungsbefugnis gibt. Dann ist es umso wichtiger eine klare Aufbauorganisation zu haben, um nicht in endlosen, ergebnislosen Sitzungen zu versinken. Der Weg hilft auch dann, wenn eine Organisation zum ersten Mal Projekte durchführt, da dann strukturelle Grundsatzfragen im Vordergrund stehen. Bedenken Sie: Die Aufbauorganisation ist zwar ein wichtiger Baustein für den Projekterfolg. Sie sollte aber nicht überbewertet werden: Sie klärt die formellen Zuständigkeiten. In der Praxis sieht es dann jedoch oft ganz anders aus, weil die Beteiligten die formelle Regelung nicht akzeptieren oder weil Konflikte schwelen. Insofern basiert eine funktionierende Aufbauorganisation auf der genauen Kenntnis der Akteure seitens des Projektleiters und auf deren Einverständnis.

2 Der systemische Weg: Das Stakeholder-Portfolio

Das Grundgesetz eines jeden Projekts lautet: „Was in der Vorbereitung an Zeit und Kosten eingespart wird, muss später zehnfach für Reparaturen aufgewendet werden." Die Komplexität eines Projekts resultiert aus der Verknüpfung verschiedener Themen, Dimensionen und Ebenen über die Zeitachse. Mit jedem Projekt verbinden sich demgemäß die unterschiedlichsten Interessen und Wahrnehmungen. Überspitzt formuliert hängt das Ansehen Ihres Projekts weniger von der tatsächlichen Leistung ab, als von den Wahrnehmungen, Sichtweisen und Meinungen der handelnden Personen. Ihre Konsequenz: Bevor Sie bei der Auftragsklärung über die sachlich-fachlichen Vorgaben und Ziele nachdenken, sollten Sie sich über die Interessen und oft nur indirekt geäußerten Wünsche, Hoffnungen oder auch Befürchtungen der Akteure klar werden. Insofern ist jedes Projekt ein Regelkreislauf bestehend aus den drei klassischen Kenngrößen Kosten, Zeit, Qualität sowie der vierten Dimension, den handelnden Personen, auch Stakeholder genannt. Der „Regelkreislauf Projekt" ist wiederum in Subsysteme unterteilt, z. B. das Programmierer-Team in Indien, die externe Beraterfirma, verschiedene interne Abteilungen, Lieferanten oder Teilprojekte. Jedes Projekt ist wiederum Teil eines größeren Systems: z. B. des Unternehmens, einer neuen Marktoffensive, eines breit angelegten Veränderungsvorhabens.

Die Stakeholder sind für Ihr Projekt enorm wichtig: Diejenigen, die Ihnen bereits jetzt nicht helfen, werden Ihr Projekt auch im weiteren Verlauf eher torpedieren – es sei denn, diese Stakeholder ändern ihre bisherige Haltung. Und das ist der entscheidende Punkt: Sie müssen wissen, wie die Akteure zu Ihnen und Ihrem Projekt stehen, und welchen Einfluss sie haben – zum Guten wie zum Schlechten. Wenn Sie in der Lage sind, die Akteure des Projekts zu verstehen, haben Sie deutlich bessere Möglichkeiten, sie im Sinne des Projekterfolgs zu beeinflussen bzw. Kritiker zu nutzen (z. B. als „advocatus diaboli") oder zu neutralisieren.

Beim systemischen Weg gehen Sie deshalb folgendermaßen vor:

1. Schritt: Erstellen Sie eine Liste aller Stakeholder

Sammeln Sie zunächst die Namen aller Akteure, in Projekten Stakeholder genannt. Dies sind alle Personen oder Personengruppen, die einen irgendwie gearteten Einfluss auf Ihr Projekt haben. Bitte beachten Sie, dass es hierbei nicht ausschließlich um die vordergründigen Einflussmöglichkeiten qua hierarchischer Position geht. Oftmals sind Personen, die scheinbar weit unten in der Hierarchie angesiedelt sind, wichtiger für den Projekterfolg als die Chefs, denn Stakeholder sind auch Menschen, die vom Projekt beeinflusst werden.

2. Schritt: Notieren Sie Ihre Eindrücke von den Stakeholdern

Für Sie ist entscheidend, wie die Einzelnen Sie, Ihr Projekt und Ihre Ergebnisse sehen, d. h. deren subjektive Deutungen sind für Sie wichtig. Was haben Sie von den Beteiligten in gemeinsamen Sitzungen gehört? Welche Bedenken wurden von ihnen geäußert? Auf welche Argumente legen sie besonderen Wert?

3. Schritt: Machen Sie sich die (ungeschriebenen) Regeln des Systems bewusst

Jedes System, sei es Ihr Projekt, die Herkunftsabteilung Ihrer Mitarbeiter oder die Branche Ihres Lieferanten o. Ä., folgt ungeschriebenen Gesetzen. Diese „Kulturen" regeln die Erwartungen und das Verhalten der Akteure, legen fest, wie dort gearbeitet wird und wie man miteinander umgeht. Es sind die Regeln der Zusammenarbeit, an die der Einzelne gewöhnt ist und die ihm zum großen Teil gar nicht bewusst sind. Die Regeln sind jeweils unterschiedlich, je nachdem, aus welchem System er stammt.

Notieren Sie auch kulturelle Hintergründe: Welches kulturelle Standardverhalten ist von den einzelnen Stakeholdern zu erwarten aufgrund ihrer jeweiligen Herkunft? Wie haben Sie das Verhalten der Personen tatsächlich wahrgenommen? Siehe dazu ausführlich die kulturellen Dimensionen ab S. 32.

4. Schritt: Analysieren Sie Wechselwirkungen

Jedes System besteht nicht nur aus Akteuren, sondern auch aus deren Interaktion, deren Verhalten, das aufeinander bezogen ist. Es gibt immer eine Geschichte hinter der Geschichte.

5. Schritt: Berücksichtigen Sie das Umfeld und planen Sie die Kommunikation

Als Projektleiter sind Sie von den Entscheidungen Ihrer Vorgesetzten abhängig sowie auch z. B. von der Marktentwicklung, der Finanzierung durch Banken oder der Genehmigung durch öffentliche Institutionen. In allen Fällen haben Sie es mit „Systemen" zu tun, in denen Sie Ihre Stakeholder identifizieren sollten. Für alle Stakeholder sollten Sie außerdem planen, in welcher Form Sie diese in das Projekt einbeziehen: Mitarbeit, Entscheidungen, (regelmäßige) Kommunikation, Art bzw. Inhalte der Informationen: E-Mails, Meetings, Präsentationen, Videokonferenzen usw. (siehe Tool „Kommunikationsplan", S. 79).

6. Schritt: Analysieren Sie die Entwicklung des Systems

Geschichten sind nicht nur Bestandteil des so genannten Flurfunks. Sie beeinflussen unmittelbar das Handeln der Akteure: alte Feind- oder Freundschaften, historische Rivalitäten zwischen Abteilungen oder Bereichen sind oft langlebig. Auch das Potenzial einer Abteilung oder eines Teams und der Entwicklungsstand einer Firma sind wichtige Informationen für Projektleiter. Der Umstand, dass Ihr Lieferant ein neu gegründetes Unternehmen oder der etablierte Marktführer ist, liefert Ihnen wichtige Informationen über die zu erwartenden Risiken und den Umgang miteinander.

7. Schritt: Integrieren Sie die Ergebnisse

Das geeignete Tool, diese sechs Bereiche in Ihr Projekt zu integrieren, ist die Stakeholder-Portfolio (siehe Tool auf S. 42). Um dies zu erstellen, listet Frau Ley zunächst alle für ihr Projekt relevanten Stakeholder auf und macht sich dann an die nächsten Schritte. Ihr besonderes Augenmerk liegt dabei auf der Einschätzung des Macht- und damit Störpotenzials ihrer Stakeholder sowie auf deren Haltung zum Projekt.

 PRO

Termine, Kosten, Qualität: Unterm Strich können Sie den Einfluss dieses Weges auf Termine, Kosten und Qualität nicht unmittelbar quantifizieren. Aber Ihr strukturierter Kontakt zu Stakeholdern spart Zeit und minimiert die Konfliktkosten.

Karriere: Ihre Karriere kann von Ihrem Netzwerk nur profitieren.

 CONTRA

Termine: Am Ende des Projekts müssen Ergebnisse geliefert werden und man kann das in den Meetings, Arbeitssessen, informellen Begegnungen, Telefonaten usw. leicht aus dem Auge verlieren. Kommunikation sollte funktional bleiben und messbare Ergebnisse bringen. Aufgrund des hohen Kommunikationsbedarfes ist dieser Weg zeitaufwändig.

Fazit: Wann dieser Weg Erfolg verspricht

Als „systemisch" bezeichnen wir diesen Weg, weil sie dabei in Wirkungszusammenhängen zu denken (siehe Tool „Der systemische Ansatz", S. 45).

Dieser Weg ist gerade bei internationalen Projekten zu empfehlen, da Sie es hier mit sehr verschiedenen Akteuren und Systemen zu tun haben. Deren relativer Einfluss erschließt sich nicht unmittelbar durch den Blick auf ein Organigramm, sondern oftmals nur durch Gespräche.

Unser Weg: Stakeholder-Analyse – so sind wir vorgegangen

Frau Ley bereitete sich auf die zweite Begegnung in Lyon besser vor. Aufgrund ihrer Stakeholder-Analyse wusste sie inzwischen, welche Akteure relevant bzw. anwesend sein würden. Durch Vorabtelefonate bzw. eine Videokonferenz mit den jeweiligen Vorgesetzten klärte sie die Unterstützung „von oben". Allen Beteiligten war dann auch die grundsätzliche Bedeutung des Projekts klar. Die Grundsatzdebatte mit den Vertretern der Arbeitsebene und das sich in die Länge ziehende Mittagessen konnte sie so allerdings nicht vermeiden – hierzu musste sie sich zunächst noch mit den typischen Verhaltensweisen der französischen Geschäftskultur beschäftigen und den sachlichen Wert erkennen, den ein gemeinsames Mittagessen dort hat: Es stellt eine für die französische Seite unabdingbare Arbeitsbeziehung her, die das Verständnis für einander erhöht und so Reibungspunkte minimiert.

KLARTEXT: STAKEHOLDER EINBEZIEHEN

1   Eine Aufbauorganisation ist gut und schön, aber nur ein Stück Papier, so lange die handelnden Personen sie nicht mit Leben füllen.

2   Analysieren Sie Ihre Stakeholder – Ihr Ziel dabei: Sie wollen möglichst gründlich verstehen, wie Ihre Partner ticken, was ihnen wichtig ist und wie sie zu Ihrem Projekt stehen.

3   Was Sie vor allem interessieren sollte, sind die Einflussmöglichkeiten und die Haltung Ihrer Stakeholder: Wer kann Ihnen Knüppel zwischen die Beine werfen und wie groß sind diese Knüppel?

4   Berücksichtigen Sie die (Arbeits-)Kultur Ihrer Partner und Stakeholder. Diese kann auf nationalen oder regionalen Besonderheiten basieren. Es können aber auch branchen-, bereichs- oder abteilungsspezifische Gewohnheiten sein.

Wie Sie mit unterschiedlichen Arbeitskulturen klarkommen

» DAS SZENARIO

Der Tag von Mark Sieber – IT-Spezialist eines internationalen Futtermittelherstellers – verläuft frustrierend: Um sein Projekt, die Inbetriebnahme eines neuen, firmeneinheitlichen Steuerungstools im Vertrieb, vorzustellen, muss er bereits um 4:00 Uhr aufstehen, um nach Rom zu fliegen. Dort sollten auch einzelne Vertreter aus Frankreich anwesend sein, die aber dann doch nicht kommen. Vor Beginn der Sitzung muss er 45 Minuten auf den Vertriebsleiter Italien warten, der ihm ein paar „letzte Ideen" mitteilen wollte.

In der Sitzung schwankt die Stimmung der fünf italienischen Spartenleiter zwischen skeptisch und feindselig. Eine Einstimmung auf das Projekt durch deren internationale Vorgesetzte hatte anscheinend nicht stattgefunden. Was Mark Sieber besonders ärgert, sind die ständigen Unterbrechungen während der Sitzung – Handys kann man auch ausschalten, denkt er. Die Sitzungsleitung durch den italienischen Vertriebsleiter empfindet er als chaotisch und die Kommunikation als ineffizient. Die Aussage, der italienische Vertrieb sei zu überlastet, um sich auch noch um IT zu kümmern, hält er für kurzsichtig. Sie widerspricht zudem den Entscheidungen der Firmenspitze. Die vorherrschende Meinung in der Sitzung ist, das neue System sei vielleicht in Deutschland, Holland und Norwegen nützlich, berücksichtige aber nicht die besonderen Anforderungen des Vertriebs auf der Halbinsel. Sieber hält das für vorgeschobene Argumente. Die geforderten „größeren Anpassungen" sind aus seiner Sicht unnötig und bei den knappen Zeitvorgaben des Projekts sowieso nicht machbar.

Zumindest gelingt es Mark Sieber, die grundsätzliche Unterstützung der Anwesenden im Protokoll festzuhalten, und er bekommt die Zusage der Spartenleiter, in nächster Zeit je einen Mitarbeiter zur Unterstützung des Projekts zu benennen. Wie Herr Sieber aber den unterschiedlichen Interessen gerecht werden kann und ob er tatsächlich die zugesagte Unterstützung bekommt, ist für ihn noch mit großen Fragezeichen verbunden.

Wege zur Lösung

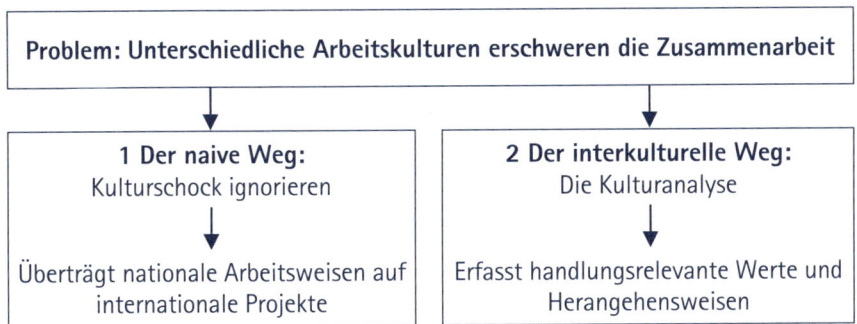

1 Der naive Weg: Kulturschock ignorieren

Wenn erfahrene Projektleiter zum ersten Mal ein internationales Projekt übernehmen, glauben sie zumeist an den Segen so genannter Dos and Don'ts-Listen. Sie wollen keinen schlechten Eindruck hinterlassen, sie möchten, dass die Kommunikation effizient läuft und dass die Zielerreichung im Mittelpunkt steht.

Dieser Dreiklang ist in seiner Schwerpunktsetzung bereits recht deutsch: Die Orientierung auf Korrektheit, Genauigkeit und Präzision ist zwar hilfreich, nur gehören hierzu in Projekten zumeist mindestens zwei Beteiligte. So hilft Mark Sieber sein Streben nach Perfektion in Italien wenig, da das Projekt dort vor allem danach beurteilt wird, inwiefern die besonderen italienischen Gegebenheiten einbezogen werden. Auch eine perfekte Anwendung von PM-Tools hilft nur begrenzt, denn die Anwendung variiert je nach kulturellem Hintergrund. Bestimmte Erwartungen werden vor Ort vielleicht gar nicht geäußert, weil man selbst zu weit unten in der Hierarchie angesiedelt ist. Vielleicht war dies z. B. einer der Gründe, warum die Franzosen zu dem mit Herrn Sieber vereinbarten Treffen gar nicht erst erschienen. Die potenziellen übrigen Teilnehmer waren in der Hierarchie zu niedrig angesiedelt.

Auch der Begriff „effiziente Kommunikation" ist relativ, weil er national unterschiedlich interpretiert wird. Für die Italiener stehen in der Sitzung mit Herrn Sieber nicht nur Durchführungsfragen an, sondern sie haben weiteren Klärungsbedarf: Sicher sollen die Ziele des Projekts erreicht werden – aber welche genau? Die der deutschen Zentrale? Die finanziellen Einsparungen? Der einfachere Bearbeitungsweg? Solange alle Ziele kompatibel sind, herrscht Sonnenschein – was aber wenn nicht? Wenn man beispielsweise durch das neue System einen langjährigen Lieferanten im Lande vor den Kopf stößt – ist dann mittelfristig auch das noch effektiv, was zunächst als kosteneffizient scheint?

Zwar wird Kultur zuweilen als Vorwand für Minderleistung missbraucht – insbesondere wenn es um Terminverzögerungen geht. Der Umkehrschluss aber, dass Kultur keine Rolle spiele, ist schlicht falsch. Kultur ist – kurz gesagt – die Art, wie wir Dinge tun, z. B.

- wie wir an eine Aufgabe herangehen,
- wie wichtig uns Pünktlichkeit und Termintreue sind,
- wen wir bei Entscheidungen einbeziehen,
- wie wir Projektmitarbeiter kritisieren können.

Dabei gibt es nicht eine oder gar die Kultur. Es handelt sich vielmehr um eine Vielfalt von Einflüssen, die auf Projektmitarbeiter, Unterstützer, Kunden, Lieferanten usw. einwirken. Es gibt verschiedene Kulturen: die des Landes, einer Region oder eines Stammes, der Branche, eines Unternehmens oder auch der Abteilung. Alle wirken auf die Einstellungen, Handlungen und Verhaltensweisen der am Projekt Beteiligten. Kultur wirkt zumeist unbewusst. Gerade deshalb scheinen unterschiedliche Kulturen oft irritierend: weil wir unsere kulturell bedingten Einstellungen gar nicht hinterfragen, sondern „automatisch" davon ausgehen, dass es so richtig ist. Erst wenn wir mit anderem Verhalten konfrontiert werden, fällt uns die eigene kulturelle Prägung auf.

In diesem Wirrwarr der oft nur ungenau zu fassenden Einflüsse muss der Projektleiter handlungs- und entscheidungsfähig bleiben. Geht man naiv – d. h. ohne Vorüberlegungen – an die Sache heran, gibt es immer wieder die gleiche Erfahrung: den Kulturschock. Internationale Projektleiter sind von den Vorstellungen und Vorgehensweisen ihrer ausländischen Partner schockiert, glauben, dass diese weniger effektiv handeln und äußern oftmals harsche Kritik. Der Grund: Sie haben die Befürchtung, ihre Ziele nicht erreichen zu können, und Sie verstehen die Logik des Handelns vor Ort nicht. Die Regeln sind andere als in Deutschland – daher der Lösungsversuch mithilfe von Dos and Don'ts-Listen. Solche meist längeren Listen sind unter stressigen Bedingungen gar nicht durchzuhalten und es handelt sich sowieso nur um auswendig Gelerntes – nicht um Verstandenes.

So erlebt man häufig drei Extremreaktionen bei Projektmanagern, die längere Zeit im Ausland arbeiten, ohne sich bewusst ihrem Kulturschock zu stellen:

■ Sie nehmen die Haltung ein: Alle Menschen sind im Grunde doch gleich. Falsch. Zwar gibt es bei allen Menschen gemeinsame Verhaltensweisen, wie z. B. das Lachen oder Lächeln bei lustigen Begebenheiten und Witzen. Aber der Unterschied ist bereits da, wenn man berücksichtigt, was eine Person überhaupt als lustig empfindet. Die Gemeinsamkeiten sind also äußerst begrenzt und helfen in keiner Weise bei der Bewältigung von Projektaufgaben. Eine solche Haltung führt viel häufiger zu mehr Frustration, weil dann eben doch Verhaltensweisen auftreten, die man so nicht erwartet hatte und die im wahrsten Sinne des Wortes enttäuschend sind. Zumeist folgt dann einer der im Weiteren beschriebenen Reaktionsweisen.

■ Die Ausländer bleiben unter sich – ein Austausch mit der einheimischen Kultur findet allenfalls auf einer folkloristischen Ebene statt (Essen, Freizeitvergnügen). Im Englischen gibt es hierfür den Ausdruck „join the cocktail set". Diese Haltung ist höchst uneffektiv, da sie jeden tiefergehenden Kontakt mit der Denkweise der lokalen Kollegen meidet. Die Folge sind entweder ein sehr striktes Anweisungswesen oder das so genannte Frühstücksdirektorentum. Der Projektleiter leitet nicht wirklich, sondern überlässt die operative Verantwortung einem Einheimischen.

■ Die ausländischen Projektleiter nehmen alle auch noch so obskuren Landessitten an, sodass sie fast zu Karikaturen werden („going native"). Auch dies hat Nachteile. Zwar glauben einige, dass man so den Respekt der einheimischen Kollegen erlangt, dies ist aber zumeist nicht der Fall. Von einem Ausländer erwarten die meisten Menschen, dass er einen ernsthaften Versuch macht sie zu verstehen. Nicht aber, dass er sie kopiert – zumal dies in Gesellschaften, die sehr komplexe Regeln haben, auch nicht gelingt. So wird eine korrekte Verbeugung in Japan auch nach jahrelangem Üben nicht immer funktionieren. Die Wirkung ist dann eher peinlich oder kindlich. Das Bemühen ist erkennbar, führt aber aus der Sicht der Japaner zu einem lustigen Fauxpas.

 **CONTRA**

Termine und Karriere: Der Kulturschock ist keine Erfindung von Psychologen, sondern reales Erleben aller international tätigen Projektleiter. Sie sind geschockt von der Andersartigkeit der Herangehensweisen und von der Unterschiedlichkeit der Auffassungen. Ob sie daraus den Schluss ziehen, der eigene Weg sei der allein Richtige oder der des Gastlandes sei das Non-plus-Ultra – beides führt zu Zeitverlusten aufgrund von Reibungen und beschränkt in jedem Fall Ihre Karrieremöglichkeiten.

Fazit: Wann dieser Weg Erfolg verspricht

Diese Herangehensweise kann immer dann erfolgreich sein, wenn Sie auf internationale Partner treffen, die in ihrer Arbeitsweise von der Ihren nicht sehr abweichen. Auch bei Projekten, in denen der Standard klar von einer dominanten Seite vorgegeben wird, ist eine Beschäftigung mit dem eigenen Kulturschock und mit kulturellen Unterschieden Zeitverschwendung.

Wer für eine nationale Firma mit ausgeprägter Firmenkultur unterwegs ist, kann, will oder darf sich nicht in jedem neuen Land anders verhalten. Vielmehr verpflichtet die Firma dazu, die Firmenkultur zu leben, ohne auf nationale Besonderheiten Rücksicht zu nehmen. In dieser Situation sind Sie verpflichtet, den eigenen Verhaltenskodex und die eigenen Projektstandards klar zu kommunizieren.

2 Der interkulturelle Weg: Die Kultur-Analyse

Mark Sieber hatte sich in seiner Sitzung in Rom über verschiedene Verhaltensweisen geärgert. Wenn er seinen italienischen Partnern sein Unverständnis darüber mitgeteilt hätte, wieso diese einfach mitten in der Sitzung telefonieren, hätten sie womöglich nur mit dem Kopf geschüttelt und gefragt: „Warum denn nicht?" Auch Listen mit den beliebten Dos und Don`ts hätten ihm wenig genützt – er hätte das Verhalten der anderen dann immer noch nicht verstanden, wäre weiterhin von den Unterbrechungen genervt gewesen, wäre sich aber gleichzeitig sicher gewesen, dass er nichts daran ändern kann.

Zum Glück gibt es ein paar Kategorien, die dem internationalen Projektleiter dabei helfen, bestimmte Verhaltensweisen zu verstehen, Probleme eventuell bereits vor ihrer Entstehung zu entschärfen und Konflikte besser zu handhaben. Geert Hofstede, Fons Trompenaars und Edward Hall gehören zu den Pionieren der interkulturellen Forschung. Zwar kommen sie zu jeweils etwas unterschiedlichen Schwerpunkten, Einigkeit zwischen ihnen besteht aber darüber, dass Kultur aus verschiedenen „Modulen" besteht, die man jeweils in Form von Skalen darstellen kann. Es geht hierbei nicht um die stereotype Zuschreibung von Eigenschaften, sondern um die Beschreibung eines kulturtypischen Mittelwerts. Verhaltensweisen von Einzelpersonen können hiervon zum Teil erheblich abweichen – nicht jeder ist eben „typisch deutsch" oder „typisch italienisch". Die Kategorien, nach denen sich Kulturen unterscheiden sind (die mit * markierten Kategorien basieren auf: G. J. Hofstede, D. M. Smith: Exploring Culture, London 2002. Die anderen genannten Kategorien basieren auf: F. Trompenaar, Riding the waves of culture, Princeton 1997):

- **Machtdistanz***: In Ländern wie z. B. Dänemark, Großbritannien oder den USA sind die Statusunterschiede relativ gering. Verantwortung wird gemeinsam mit der Entscheidungsbefugnis delegiert. Insignien der Macht spielen nur eine geringe Rolle. In Ländern wie u. a. China, Indien und Frankreich müssen Entscheidungen immer mit der höchstmöglichen Hierarchie abgestimmt werden. Statusunterschiede, die sich beispielsweise in Größe und Einrichtung des Büros zeigen, sind deutlich erkennbar. **Beispiel**: Sie wollen bei Ihrem chinesischen Auftraggeber nur mal kurz hereinschneien, ohne sich anzumelden – ein ebenso peinlicher Fauxpas wie Ihr Versuch, den Projektmitarbeitern Kaffee oder Tee nachzuschenken.

- **Individualismus***: An dem einen Ende der Skala liegen Kulturen wie die niederländische, britische oder amerikanische, in der die Einzelperson und ihre Bedürfnisse im Mittelpunkt stehen. Die kleinste Größe der Gesellschaft ist dort das Individuum. Das Gegenstück hierzu ist der Kollektivismus, in dem eine starke Orientierung zu einer sozialen Gruppe vorherrscht. Die Zugehörigkeit variiert: Es kann die Herkunftsfamilie sein, wie in vielen afrikanischen Ländern, oder die Firma, wie in Japan. Der Einzelne sieht sich in jedem Fall immer als Teil einer Gruppe, nicht als Einzelwesen. **Beispiel:** Sie hatten dem Mitarbeiter eines kuwaitischen Subunternehmers klare Termine genannt und von ihm bestätigt bekommen. Nach erheblicher Terminüberschreitung stellen Sie fest, dass die Firma einen anderen Auftrag vorgezogen hat. Die Loyalität war nicht da, wo der Zeitdruck am größten oder der Umsatz am höchsten war.

- **Maskulinität***: In Japan, Italien und arabischen Ländern gibt es deutliche Unterschiede in den Geschlechterrollen, und die Lebensqualität orientiert sich vor allem am Besitz bzw. dem damit verbundenen Status. In so genannten „femininen" Gesellschaften (z. B. Thailand, Frankreich, Dänemark) wird die Lebensqualität vorrangig mit Freizeit und sozialen Kontakten in Verbindung gebracht. Außerdem wird in „femininen" Gesellschaften erheblich mehr Zeit in die Konsensfindung investiert. In „maskulinen" Kulturen setzt sich eher der Stärkere durch, denn hier geht es um Performance. **Beispiel:** Bei einer Projektbesprechung in Vietnam haben Sie soeben drei themengleiche Arbeitsgruppen gebildet, um alternative Lösungen für ein Problem zu finden. .Das Gespräch in der Gesamtgruppe aber hört nicht auf und die einzelnen Gruppenmitglieder pendeln zwischen den Arbeitsgruppen hin und her. Hier geht es den Anwesenden nicht um „die beste Lösung" oder gar um konkurrierende Alternativen, die sich anschließend im Wettstreit der Diskussion bewähren müssen. Es geht um Konsensfindung durch Feinabstimmung.

- **Unsicherheitsvermeidung***: Britische Witze basieren zum großen Teil darauf, Andeutungen zu verstehen und zwischen den Zeilen zu lesen – ein kleiner Hinweis auf die geringe Neigung der Briten, ungewisse oder unbekannte Situationen zu vermeiden. Das heißt: Im Unterschied zur klassisch deutschen Herangehensweise macht es englischen Projektpartnern meist nichts aus, Projekte zumindest zum Teil nach dem Prinzip von „try und error" abzuwickeln. Auch in Indien und Schweden werden neue Aufgaben eher als interessant erlebt. In Deutschland, Spanien, Frankreich und Japan werden unklare Situationen oder auch undeutliche Botschaften eher als bedrohlich empfunden. Solche Situationen bedürfen in diesen Geschäftskulturen einer deutlich höheren Strukturierung. **Beispiel:** Ihr Projektplan aus der deutschen Zentrale ist langfristig angelegt und detailliert. Bei Projektpräsentationen sind Sie detailfreudig und liefern zumeist viele Informationen über den technischen Hintergrund. Ihre amerikanischen Kollegen sind ob der Detailflut gelangweilt; sie glauben, dass Sie nicht sehr optimistisch an das Projekt herangehen – sonst hätten Sie das ja schließlich gesagt. Die Details klären sich sowieso im Verlauf des Prozesses.

- **Zeitorientierung*:** Geschäftskulturen, wie die in den USA oder Pakistan, orientieren sich am „Heute" und an kurzfristigen Zielen. Bei chinesischen, japanischen oder indischen Projektleitern steht Langfristigkeit und Beharrlichkeit deutlich höher im Kurs. Als Deutscher bevorzugen Sie es außerdem, sequenziell zu arbeiten, d. h. eine Aufgabe nach der anderen zu erledigen. Ihre spanischen und südamerikanischen Kollegen erledigen mehrere Dinge gleichzeitig. **Beispiel:** Während Sie in der Sitzung von den ständigen Handy-Unterbrechungen genervt sind, versteht Ihr italienischer Kollege überhaupt nicht, was Ihr Problem ist. Wenn es für ihn gerade nicht so unmittelbar interessant oder relevant ist, kann er doch schnell noch etwas anderes erledigen.

- **Kontextbezug:** In Deutschland, den Niederlanden und Dänemark werden alle notwendigen Informationen explizit mitgeliefert. Der Fokus liegt auf Sachfragen, wie Zeitrahmen, Zielerreichung, Budget usw. In Japan, Indien, China und Frankreich wird zunächst auf den Aufbau einer guten Arbeitsbeziehung Wert gelegt, bevor man vertrauensvoll zusammenarbeiten kann. **Beispiel:** Sie erscheinen pünktlich zur Krisensitzung des Projekts und beginnen mit der dringenden Bitte, alle Schwierigkeiten offen zu diskutieren – „schließlich wollen wir alle tragfähige Lösungen". Im Saal herrscht Stille. Schließlich werden einzelne allgemeine Theorien geäußert. Was Sie nicht verstanden haben: Ihre Partner aus Tokio haben erhebliche Kritik an Ihnen, möchten aber nicht, dass Sie ihr Gesicht verlieren.

- **Universalismus / Partikularismus:** Wenn Regeln als universell gesehen werden, wie z. B. in Deutschland, den USA und Polen, ist die Projektarbeit in Handbüchern und Verfahrensanweisungen niedergelegt und für alle gültig. Änderungen müssen ebenso allgemeingültig festgelegt werden. In Korea, China und anderen partikularistischen Kulturen handeln Menschen eher situationsbezogen, und Regeln – ebenso wie Verträge – müssen interpretiert werden. **Beispiel:** Sie haben den Projektauftrag schriftlich festgehalten und das OK bekommen. Zwei Wochen später erfahren Sie durch einen Anruf aus Mumbai, dass die dortigen Testverfahren in keiner Weise den Verfahrensvorschriften entsprechen. Die Begründung: Die deutschen Vorschriften waren für den Fall nicht passend.

- **Gefühlsausdruck:** Menschen aus Italien und Frankreich zeigen in der Regel ihre Gefühle durch ausdrucksstarke Mimik und Gesten. Deutsche, noch stärker Japaner verbergen ihre Gefühle eher und neigen zu einer kontrollierten Gestik und Mimik. **Beispiel:** Die Sitzung von Mark Sieber in Rom – er erlebt sie als chaotisch, weil für ihn keine klare Gesprächsstruktur erkennbar ist und weil alle gleichzeitig sprechen. Die Lautstärke ist für ihn eher unangenehm. Das für ihn Erstaunliche: Es kommen dennoch Ergebnisse zustande.

- **Statuszuschreibung:** Wird der gesellschaftliche und damit auch der geschäftliche Status durch Leistung oder Fachkenntnisse erreicht, wie z. B. in Großbritannien, den USA und Dänemark, oder bestimmt Alter, Herkunft und Titel das Ansehen (Österreich, Indien, Südafrika)? **Beispiel:** Als neuer Projektleiter haben Sie eine Reihe von Sitzungen einberufen, um das erweiterte Projektteam und die mitwirkenden Abteilungen Ihres arabischen Projektpartners kennen zu lernen. Diese Meetings werden allerdings zunächst durch ein langes Gespräch mit dem Vorstand aufgehalten. Anschließend werden Sie einem Abteilungsleiter vorgestellt, dessen Bereich mit dem Projekt nichts zu tun hat. Warum? Er ist ein sehr einflussreicher Neffe des Firmenbesitzers und kann bei etwaigen Krisen noch sehr nützlich sein.

- **Innen- bzw. außengesteuerte Kultur:** Menschen aus innengesteuerten Kulturen vertreten ihre Standpunkte zumeist klar und glauben, ihr Umfeld aktiv beeinflussen zu können („Jeder ist seines Glückes Schmied."); hierzu zählen die USA, Brasilien und Dänemark. Menschen aus außengesteuerten Kulturen, wie z. B. China, Indien oder Thailand, passen sich eher ihrer Umwelt an und halten Harmonie für einen wesentlichen Bestandteil von Gesprächen. **Beispiel:** Ihre indischen Auftraggeber sind in der Zielbeschreibung für Ihr Projekt sehr vorsichtig, d. h., man signalisiert Ihnen, es sei schon ein Erfolg, wenn es überhaupt zustande käme. Sie sehen darin ein Warnsignal für fehlendes „Commitment" – es kann aber auch die kulturtypische Vorsicht dahinter stecken.

Anhand dieser Kategorien können Sie Ihre Projektpartner einordnen. Da Sie Verhaltensweisen nicht als Dos oder Don'ts, nicht als irgendwie geartete, meist exotisch anmutende Regeln vorgesetzt bekommen, können Sie den Sinn, das zugrundeliegende Wertesystem verstehen (siehe auch das Tool zur Umsetzung: „Kultur-Check", S. 40). Dies eröffnet Mark Sieber z. B. die Möglichkeit, das Diskussionsverhalten seiner italienischen Gesprächspartner als Ausdruck einer „maskulin" orientierten Haltung zu verstehen; in dieser Kultur ist Zustimmung davon abhängig, dass man von einem Höhergestellten durch massive Argumente – auch durch emotional vorgetragene Standpunkte – überzeugt wird.

PRO

Kosten, Qualität, Termine: Ein Projektmanagement, das die kulturellen Gegebenheiten vor Ort berücksichtigt, ist klar im Vorteil, weil der Reibungsverlust und das Potenzial für Missverständnisse deutlich geringer sind. Der Projektfortschritt wird beschleunigt, Prozess- und Konfliktkosten sinken (nicht zuletzt durch eine höhere Motivation der Projektmitarbeiter) und die Ergebnisqualität ist regelmäßig auch besser.

Karriere: Wenn Sie in der Lage sind, sich auf unterschiedliche Kulturen einzustellen, erhöhen Sie Ihren Marktwert als Projektleiter.

CONTRA

Termine: Kulturell angepasstes Beziehungsmanagement ist eine zusätzliche und sehr komplexe Aufgabe für den Projektleiter. Einen fehlerfreien Umgang mit Vertretern anderer Kulturen gibt es nicht, d. h., die verschiedenen Kulturen beeinflussen nicht nur den „Normalbetrieb" des Projekts, sondern im besonderen Maße auch die

Konfliktaustragung. Kulturelles Beziehungsmanagement ist keine Ad-hoc-Maßnahme. Es bedarf der Vorbereitung. Internationale Projekte benötigen insofern immer mehr Zeit als heimische Projekte. Sie verursachen zusätzliche Kosten, denn Gespräche sind per E-Mail gar nicht und per Telefon- oder Videokonferenz nur unzureichend durchführbar. Vor allem zu Beginn des Projekts benötigen Sie zusätzliche Zeit, um mit den Beteiligten Eckpunkte einer „Projektkultur" zu vereinbaren. In einem multinationalen Team ist es zudem fast unmöglich, auf alle (dann eben auch zuweilen gegensätzliche) Herangehensweisen Rücksicht zu nehmen.

Fazit: Wann dieser Weg Erfolg verspricht

Oft gibt es zur aktiven Handhabung kultureller Unterschiede keine Alternative. Wenn Sie darauf angewiesen sind, vor Ort etwas zu bewegen, müssen Sie mit den Arbeitsgewohnheiten der einheimischen Mitarbeiter umgehen, unabhängig von Ihren persönlichen Vorlieben. Das können Sie allerdings nicht, wenn Sie sich starr an irgendwelche Listen halten, um Fettnäpfe zu vermeiden. Sie wollen Verhalten verstehen, um Ihre Partner richtig ansprechen und motivieren oder einbinden zu können. Insofern kommen Sie immer dann nicht um ein Verständnis der Partnerkulturen herum, wenn Sie auf eine halbwegs gleichberechtigte Zusammenarbeit angewiesen sind.

Unser Weg: Culture Coaching – so sind wir vorgegangen

Mark Sieber hat sich auf seine weitere internationale Projektarbeit besser vorbereitet: Zunächst hat er sich das Thema „Kulturanalyse" eingelesen und einschlägige Seminare besucht. Außerdem hat er mit Kollegen über seine Erfahrungen gesprochen und ihren Rat eingeholt. So weiß er bei seinem nächsten Besuch in Italien, dass der wesentliche Unterschied zwischen der deutschen und italienischen Geschäftskultur im Bereich der Machtdistanz liegt. Sekundär gibt es auch noch leichte Unterschiede in der Unsicherheitsvermeidung. Der „Auftritt" des italienischen Vertriebschefs sollte Herrn Sieber die Bedeutung des italienischen Marktes signalisieren und zeigt das Ausmaß der Kritik von dort. Da die italienischen Kollegen in der Regel weniger Schwierigkeiten haben mit unklaren Situationen umzugehen, macht es ihnen nichts aus, mehrere Kommunikationskanäle gleichzeitig zu bedienen.

Für den Umgang mit – für ihn – besonders exotischen Kulturen engagierte Mark Sieber einen KulturCoach, der ihm hilft, negative Erfahrungen zu verarbeiten und sich auf die Gegebenheiten besser einzustellen.

Und schließlich legt Sieber sich einen gesünderen Lebensstil zu. Kulturschock ist in erster Linie ein (physisches) Stressphänomen, das Sieber nicht noch durch Schlafentzug, Alkohol oder Bewegungsmangel steigern möchte. Er tut alles, um neugierig zu bleiben. So besucht er z. B. kulturelle Veranstaltungen, denn er weiß, wer lernt, verändert sich und schottet sich nicht gegen Neues ab.

Diese Tools brauchen Sie

Tool	Kurzbeschreibung Stärken / Schwächen	Aufwand Nutzen
KANO-Modell ⬇	In einer Powerpoint-Datei sammeln Sie die Erwartungen Ihrer Auftraggeber und Stakeholder in vier Kategorien. Vorteile: Handliche Darstellung der Kundenerwartungen, zur Vor- und Nachbereitung von Sitzungen. Nachteil: Erfordert etwas mehr Zeit zu Beginn des Projekts.	●●● ✶✶✶✶
Kultur-Check ⬇	Auf einer Folie vergleichen Sie Ihre Wertehaltungen mit denen Ihrer Partner aus anderen Kulturen. Der Vergleich gibt Ihnen Aufschluss über mögliche Stolpersteine im Projekt. Vorteil: Sie erkennen mögliche Ursachen für Konflikte. Nachteil: Nicht alleine machbar, wenn Sie noch keine persönlichen Erfahrungen mit der Partnerkultur haben.	●●● ✶✶✶✶

Tool	Kurzbeschreibung Stärken / Schwächen	Aufwand Nutzen
Stakeholder-Analyse ⊡	In einer Excel-Datei sammeln Sie alle Eindrücke von den für Ihr Projekt relevanten Stakeholdern: Namen, Funktion, persönliche Informationen wie Interessen und Hobbies, Dinge, die Ihnen aufgefallen sind, sowie Ihre Einschätzung zur Einstellung und zum Einfluss der Stakeholder. Vorteile: Kompakte Analyse aller für Ihr Projekt relevanten Personen. Muss unbedingt absolut vertraulich gehandhabt – sprich gelagert – werden.	●●● *****
Stakeholder-Portfolio ⊡	Basierend auf der Stakeholder-Analyse ordnen Sie die Akteure nach deren Einfluss und Einstellung. Hieraus ergeben sich unterschiedliche Handlungsfelder. Vorteile: Gute Übersicht über die unterschiedliche Bedeutung der Akteure; hilft bei der Maßnahmenplanung. Nachteile: Funktioniert nur, wenn es regelmäßig überarbeitet wird.	● *****
Systemischer Ansatz	Verdeutlicht Wirkungszusammenhänge und hilft Dynamiken in Projekten zu verstehen.	●●● *****

Die mit dem Icon ⊡ gekennzeichneten Tools können Sie im Internet unter www.projektmagazin.de/klartext abrufen.

Die wichtigsten Tools – so funktionieren sie

Das KANO-Modell ⊡

Diese Methode entstammt dem Qualitätsmanagement und wurde nach ihrem Erfinder, dem Japaner Dr. Noriyaki KANO benannt. Sein Ansatz zielt darauf, die unterschiedlichen Kundenwünsche zu strukturieren, Anforderungen zu spezifizieren und somit Qualitätsmerkmale eines Produkts oder einer Dienstleistung festzuschreiben.

Qualität – auch im Hinblick auf Projektergebnisse – wird als die Erfüllung von Anforderungen gesehen. „Diese Anforderungen, Eigenschaften oder Spezifikationen werden dabei vom Kunden als Anwender eines Produkts bzw. Empfänger einer Dienstleistung genannt oder stillschweigend erwartet" (G. F. Kamiske, J.-P. Brauer, ABC des Qualitätsmanagements, München 1996, S. 42).

Anwendung

- Auf einem Flipchart, einer Pinnwand oder im PC sammelt der Projektleiter vorzugsweise mit anderen zusammen (also z. B. dem Projektteam, Arbeitsgruppen, Projektpartnern), welche Vereinbarungen über die Projektziele bereits bestehen bzw. welche in den Sitzungen, Telefonaten, Mails usw. bereits angesprochen wurden (= Leistungserwartungen).

- Auf dieser Grundlage werden in ähnlicher Weise Punkte gesammelt, von denen die Beteiligten meinen, dass sie die Auftraggeber erwarten (= Basiserwartungen). Hierbei stützen sie sich auf eigene Erfahrungen in (ähnlichen) Projekten, auf die Erfahrung anderer und weitere Ideen. Auf gar keinen Fall sollten vorgefertigte Tabellen genutzt werden, da dies häufig dazu führt, Standardformulare zu erstellen. In dieser Phase Ihres Projekts geht es darum, den Auftrag gründlich zu verstehen – dies können Sie nicht, wenn Sie Standardtools abarbeiten. Ihr Projekt hat sicherlich Ähnlichkeiten mit anderen – aber es wäre kein Projekt, wenn es nicht einzigartig wäre. Sie können irgendwelche Listen allenfalls dann einsetzen, wenn Sie diese als zusätzliche (!) Ideengeber nutzen.

- Um das KANO-Modell zu vervollständigen, machen Sie sich danach Gedanken darüber, welchen unerwarteten Zusatznutzen Sie liefern können, der die Zufriedenheit Ihrer Kunden steigert (= Begeisterungsqualität). Dieser darf allerdings keiner der Leistungserwartungen widersprechen. Beispiel: Sie möchten für das neue IT-Tool eine Zusatzfunktion installieren, welche die Anwendung vereinfacht. Leider verdoppeln sich hierdurch die Produktionskosten. Ihr Kunde findet die Funktion sehr gut, aber bezahlen möchte er dafür nicht.

- Zuletzt sammeln Sie Ideen, mit welchen Verhaltensweisen, Ergebnissen o. Ä. Sie Ihre Kunden so richtig verärgern können (= Un-Qualität). Es lohnt sich, die altbekannte Frage nach den Gründen für Verärgerung und Beschwerden einmal anders zu stellen: Was müssen wir tun, um unsere Kunden so richtig zu verprellen? Die Ideen hierzu sind oft kreativer – und das ist genau das, was Sie zu Beginn eines Projekts brauchen.

Kultur-Check

Da Sie ein internationales Projekt leiten, haben Sie per definitionem mit Menschen unterschiedlicher Kulturen zu tun. Das bedeutet, die Stakeholder Ihres Projekts handeln nicht alle nach einem ähnlichen Wertesystem, sie bewerten Verhaltensweisen vielleicht sogar gegensätzlich. Kultur ist die Art, wie wir Dinge tun – nicht mehr, aber auch nicht weniger. Kultur legt uns bestimmte Handlungsweisen nahe, weil wir damit aufgewachsen sind, weil unsere Eltern diese Verhaltensweisen bei uns belohnt und andere bestraft haben. **Ein Beispiel:** Wenn Sie mit vietnamesischen Kollegen in der Kantine essen, werden diese sehr schnell, vielleicht sogar sehr laut schlürfen. Wenn Sie in Deutschland aufgewachsen sind, ist Ihnen das von Ihren Eltern nachdrücklich verboten worden. Ihre vietnamesischen Partner sehen es völlig anders: Schlürfen gehört bei ihnen zum guten Ton.

Kulturelle Unterschiede auch in der Arbeitsweise führen zu typischen Schwierigkeiten in Projekten. Um sich diesen Problemen zu nähern, sollten Sie folgendermaßen vorgehen:

- Nuten Sie den Download auf www.projektmagazin.de/klartext und drucken Sie den folgenden Aufstellung Fragebogen dreimal auf Folie aus (er basiert auf den Kategorien von Hofstede und Trompenaar, siehe S. 31).

- Setzen Sie auf der ersten Folie dort Kreuze, wo Sie einen durchschnittlichen Geschäftsprofi Ihrer Branche und Zuständigkeit sehe.

- Die zweite Folie füllen Sie so aus, wie Sie Ihren Partner aus dem Land X wahrnehmen, bzw. Sie lassen sie von ihm ausfüllen, wenn er hierzu bereit ist. Nun legen Sie die beiden Ergebnisse als Folie übereinander (z. B. auf den Overheadprojektor). Dort, wo die Antworten mehr als eine Zahl voneinander abweichen, findet sich wahrscheinlich ein typisches Problem, dass Sie bearbeiten sollten – präventiv, wenn möglich.

- In der dritten Folie tragen Ihre eigenen Haltungen zu den Kategorien ein.

- Legen Sie dann die drei Folien übereinander auf einen Overheadprojektor und analysieren Sie das Ergebnis: Abweichungen von mehr als einem Feld beinhalten zumeist interessante Hinweise auf Stolpersteine. Planen Sie schließlich Ihre nächsten Schritte.

	3	2	1	0	1	2	3	
Ist eher ergebnis-orientiert.								Ist eher beziehungsori-entiert.
Sieht sich v. a. als Individualist.								Sieht sich v. a. als Teil einer Gruppe.
Möchte eine Aufgabe nach der anderen erledigen.								Erledigt gern mehrere Aufgaben gleichzeitig.
Kommt mit Ambivalenz gut zurecht.								Lehnt unklare Situationen ab.
Äußert sich klar und direkt.								Bevorzugt subtile und indirekte Äußerungen.
Respektiert v. a. sozialen Status.								Respektiert v. a. er-brachte Leistungen.
Wahrt vor allem das eigene Gesicht.								Wahrt vor allem das Gesicht anderer.
Gibt sich eher formell.								Gibt sich eher informell und ungezwungen.
Zeigt lieber keine Gefühle.								Drückt Gefühle offen aus.
Gestikuliert wenig.								Benutzt ausdrucksstarke Gesten.
Meidet die körperliche Nähe anderer.								Sucht die körperliche Nähe anderer.
Berührt andere eher nicht.								Berührt andere ungezwungen.
Hält sich strikt an Zeitvorgaben.								Geht mit Zeitvorgaben flexibel um.

Kultur-Check

Stakeholder-Analyse und Stakeholder-Portfolio

Die Stakeholder (engl. Akteur, Anspruchsberechtigter, Interessenvertreter; stake = engl. auch Anteil, Beteiligung, Einsatz; holder = engl. Inhaber, Eigentümer) eines Projekts sind alle Personen, die

- einen irgendwie gearteten Einfluss auf Ablauf und Ergebnisse des Projekts haben,
- von den Prozessen und Resultaten eines Projekts beeinflusst werden.

Das Ziel der Stakeholder-Analyse ist es, die für Ihr Projekt wichtigen Akteure zu verstehen: ihre Wünsche, Vorlieben, Abneigungen, Eigenarten, Wertehaltungen und Sichtweisen.

Zu der ersten Gruppe gehören neben den Teammitgliedern auch die Angehörigen der Steuerungsgruppe, die Kundenrepräsentanten, die unterstützenden Abteilungen, Lieferanten und Consultants. Hiermit ist aber nur die unmittelbare Aufbauorganisation berücksichtigt.

Um etwaige negative Einflüsse vorauszusehen bzw. um die Unterstützer Ihres Projekts zu identifizieren, müssen Sie Ihren Blick weiten: Je nach Inhalt des Projekts können auch Endverbraucher oder User zu Stakeholdern werden, z. B. wenn diese gegen Ihr Vorhaben protestieren. Vertreter von Kommunen, Ländern, staatlichen Stellen oder anderen öffentlichen Einrichtungen können ebenfalls relevante Stakeholder sein, z. B. bei notwendigen Genehmigungsverfahren. Auch sollten Sie den Lebenszyklus Ihres Produktes berücksichtigen und entsprechend alle Personenkreise, die in den unterschiedlichen Phasen mit dem Produkt zu tun haben werden. Sie wollen schließlich nicht die gleichen Probleme wie eine Fluggesellschaft haben, die einen neuen Flugzeugtyp in Dienst stellte und danach feststellen musste, dass der oft nötige Austausch der Sitze, sprich die Erweiterung oder Verkürzung der Business Class, je nach Flugstrecke aufgrund der Türgröße nicht mehr möglich war.

Benutzen Sie keine vorgefertigten Stakeholder-Listen, auch nicht Ihre eigenen aus einem ehemaligen Projekt! Solche Listen beschränken nur Ihren Blickwinkel und gaukeln eine scheinbare Sicherheit vor. Sie erfassen damit keineswegs die Stakeholder in Ihrem jetzigen Projekt – das glauben Sie nur, bis Sie von einer Seite kritisiert werden, von der Sie das nie vermutet hatten. Stattdessen sollten Sie in einer Teamsitzung ein gemeinsames Brainstorming mit den Experten durchführen, um eine Liste zu erstellen. Oder Sie bitten die Experten, Ihnen eigene Vorschläge zu nennen. Erweitern Sie auch Ihre eigene Wahrnehmung, machen Sie sich Notizen zu vermuteten weiteren Stakeholdern und unterschätzen Sie nicht diejenigen, die vielleicht hierarchisch niedriger eingruppiert sind – auch dort können sich sehr einflussreiche Stakeholder „verstecken".

Sammeln Sie Informationen im Übermaß, denn welche Information für Sie wichtig wird, können Sie zu Beginn nicht immer gleich erkennen. Und dokumentieren Sie die Informationen, beispielsweise in einer solchen Form:

Name	Abteilung	Verantwortung	Einfluss	Haltung	Persönliches	Netzwerke	Kultur
			1 bis 10	1 bis 10			

Stakeholder-Analyse

Besonders wichtig sind zwei Spalten dieser Tabelle, in die Sie nur Zahlen eintragen – jeweils von 1 bis 10. Zunächst die Haltung Ihres Stakeholders zu Ihrem Projekt: „1" bedeutet eine sehr negative Haltung (z. B. durch Vorbehalte, massive Kritik); „10" bedeutet Unterstützer. Dann geben Sie Ihren Eindruck wieder, den Sie vom Einfluss des Stakeholders in der Organisation haben: „1" bedeutet „geringer Einfluss", „10" heißt „sehr großer Einfluss".

Engen Sie die Begriffe Haltung und Einfluss nicht zu sehr ein. Es geht bei dieser Methode nicht um wissenschaftliche Präzision, sondern darum, Ihre subjektiven Eindrücke und die Ihrer Teammitglieder festzuhalten. Einfluss basiert oft auf der hierarchischen Position – allerdings nicht immer. In vielen Projekten gibt es Stakeholder, die hierarchisch eher niedriger angesiedelt sind und dennoch einen enormen Einfluss auf Ihren Erfolg oder Misserfolg haben. Das sollten Sie berücksichtigen.

Sie können weitere Spalten ergänzen, die für Ihr Stakeholder-Management wichtig erscheinen. Auf jeden Fall sollten Sie aber die beiden Spalten zu „Einfluss" und „Haltung" ausfüllen, denn sie spiegeln Ihre subjektive Einschätzung wieder. Das Zahlenwerk suggeriert zwar Objektivität, aber die Basis bleibt Ihre Einschätzung. Und das ist gut so! Unterschätzen Sie nicht Ihr Bauchgefühl. Durch die Methode können Sie sich somit gefühlsmäßige Einschätzungen bewusster machen. Aus den beiden Kategorien „Einfluss" und „Haltung" ergeben sich unterschiedliche Felder der Einflussnahme für Sie, wenn Sie die gesammelten Daten in die folgenden Achsen übertragen (X = Name des Stakeholders):

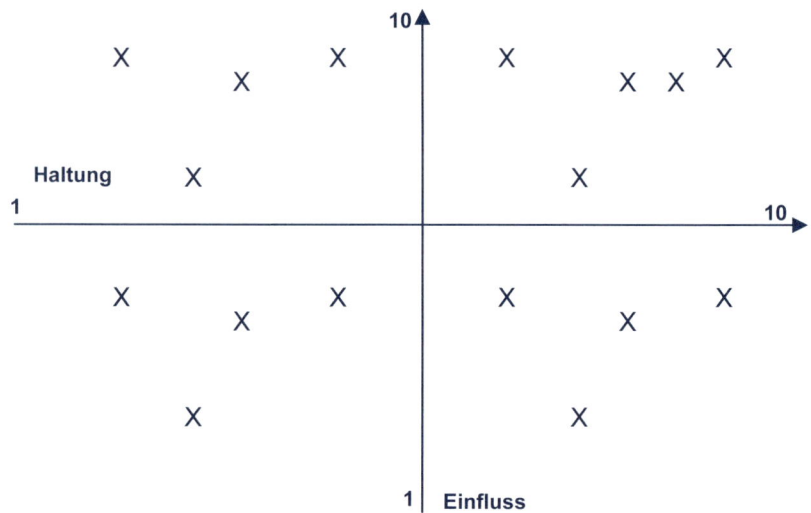

Stakeholder-Portfolio

- Im **oberen rechten Feld** finden Sie Ihre wichtigsten **Unterstützer**, denn alle Personen in diesem Bereich haben eine positive Haltung und erheblichen Einfluss. Mit ihnen sollten Sie regelmäßigen Kontakt pflegen, sie über neue Entwicklungen informieren und sie in wichtige Entscheidungen einbinden. Bei Krisen und Konflikten sind dies diejenigen, die Sie und Ihr Projekt retten können.

- Im **oberen linken Feld** finden Sie Ihre wesentlichen **Kritiker**, d. h. diejenigen, die eine kritische Haltung gepaart mit großem Einfluss haben. Die Aktivitäten dieses Kreises sollten Sie genau beobachten und sich auf

Angriffe vorbereiten. Einzelne Kritiker sollten Sie in die aktive Arbeit des Projekts einbeziehen: Erstens erfahren Sie so schneller, welche Kritik vorhanden ist, und zweitens liegen Kritiker nicht immer daneben. Zwar ist die Form der Kritik manchmal nervig oder auch unangemessen, aber bei Ihrer Vorbereitung auf Konfliktgespräche sollten Sie ehrlich zu sich selber sein. Finden Sie das Körnchen Wahrheit in der Kritik, hilft Ihnen das ein besseres Ergebnis abzuliefern.

- Im **unteren linken Feld** finden Sie die „Nörgler". Bei ihnen handelt sich um Menschen mit wenig Einfluss in der Organisation. Insofern müssen Sie sich nicht an ihnen aufreiben. Vielmehr sollten Sie die inhaltlichen Punkte zur Kenntnis nehmen (das Körnchen Wahrheit) und diesen Personenkreis im Auge behalten. Schließlich möchten Sie wissen, wenn aus Nörglern Kritiker werden. Verbringen Sie nur nicht zu viel Zeit mit ihnen oder mit dem Nachdenken über deren Positionen, das hält Sie unnötig auf.

- Im **unteren rechten Feld** finden Sie den **Nachwuchs**, also Menschen, die Ihnen und Ihrem Projekt wohlgesonnen sind, aber (noch) nicht über viel Einfluss in der Organisation verfügen. Unterstützen und fördern Sie diese „Fans", denn sie werden es Ihnen eines Tages danken. Außerdem kommen aus diesem Kreis oft sehr gute neue Ideen zum Umgang mit Kritikern oder zur Lösung sachlicher Schwierigkeiten.

Ihre wichtigste Ressource im Projekt sind die Stakeholder. Ein „stake" im Englischen kann sowohl Stütze als auch Marterpfahl bedeuten. Genauso verhalten sich Ihre Akteure. Dies sollte Ihnen ein Wink mit dem „stake", d. h. mit dem Zaunpfahl sein.

Der systemische Ansatz

Basierend auf dem Ansatz von König und Volmer (E. König, G. Volmer, Handbuch Systemische Organisationsberatung, Düsseldorf 2008) sollten Sie sich angewöhnen, in Wirkungszusammenhängen zu denken. Jede Handlung (Ihrerseits) zieht eine Handlung eines anderen Akteurs nach sich. Simple Wenn-Dann-Beziehungen sind in der komplexen Welt internationaler Projekte eher selten. Das systemische Prinzip ist das gleiche wie das eines Thermostats: Ist es zu kalt, schaltet es die Heizung ein – steigt die Temperatur, schaltet sich das Gerät wieder ab. Konkret bedeutet dies:

- **Sammeln Sie die Namen Ihrer Akteure.** Geben Sie sich nicht mit Listen über relevante Bereiche zufrieden. Sie benötigen einzelne Personen, die für Sie ansprechbar sind. Die kleinste Einheit jeder Organisation ist das Individuum – wobei dieses selbstverständlich nicht ohne die sozialen Netzwerken zu verstehen ist.

- **Analysieren Sie die Denkweise dieser Akteure.** Menschen tun nichts ohne ein Motiv. Aus der Physik ist bekannt, dass sich Körper nur dann bewegen, wenn eine Kraft auf sie einwirkt. Will man die Bewegung von Gegenständen verstehen, muss man diese Kraft analysieren. Ähnlich ist es mit Menschen mit dem Unterschied, dass es sich hier nicht um Naturgesetze handelt, sondern um Anreize von außen und / oder einen inneren Antrieb, ein Motiv. Wenn Sie die zugrunde liegenden Motive Ihrer Partner und Akteure erkennen, wissen Sie, was diese antreibt.

- **Erfassen Sie (ungeschriebene) Regeln in den Systemen Ihrer Akteure.** Woran orientieren die unterschiedlichen Akteure ihr Verhalten? Was Sie erwarten, ist das eine. Was in der Herkunftsabteilung üblich ist, was der disziplinarische Vorgesetzte verlangt oder was in der Landeskultur gängig ist, kann sehr unterschiedlich sein.

- **Verstehen Sie die Netzwerke Ihrer Akteure.** Wer kennt wen, ist mit wem verwandt oder verschwägert, wer hat mit wem ein positives bzw. negatives Arbeitsverhältnis? Wer reagiert auf wen „allergisch"?

- **Erkennen Sie Dynamiken.** Einzelne Menschen entwickeln sich und so auch Gruppen von Menschen. Manche haben miteinander bestimmte Erfahrungen gemacht und erwarten daher erst mal nichts Gutes voneinander. Gruppen haben eine Geschichte: Vielleicht ist Ihr Projekt so unbeliebt, weil das letzte Projekt der Gruppe zum Thema „Umstrukturierung" in Wirklichkeit „Downsizing", also Entlassungen, hätte heißen müssen.

2 Internationale Projekte planen

Die richtige Planung am Anfang eines Projekts ist das A und O, um erfolgreich über die Ziellinie zu gehen. Auch wenn sich in Projektmanagement-Büchern Planung so einfach anhört, ist sie wegen Zeit- und Sachproblemen oft schwer umzusetzen. Auf dem internationalen Parkett gibt es noch viel mehr Stolpersteine, die Sie bei der Planung leicht zum Fallen bringen können:

- Es fängt bereits an mit der ersten Annäherung zum internationalen Team. Wie steigen Sie am besten in Ihre Rolle als Projektleiter ein? Zählen hier die Grundregeln des Projektmanagements oder gibt es da noch anderes zu wissen?

- Es setzt sich fort bei der Einschätzung der Risiken des Projekts. Funktioniert das in allen Kulturen auf ähnliche Weise oder gilt hier: Andere Länder, andere Sitten?

- Weiter geht es mit der wichtigen Frage, wie Sie aus den Ihnen mitgeteilten Zielen konkrete Arbeitspakete machen und wie Sie sie verteilen. Wenden Sie die Ihnen bekannten bewährten Methoden an oder scheitern Sie genau mit diesen im Ausland?

Antworten auf diese Fragen lesen Sie im folgenden Kapitel.

Commitment trotz Unterschieden: Richtig ins Projekt einsteigen

DAS SZENARIO

Der Bau einer Müllverbrennungsanlage durch ein Hamburger Ingenieurbüro in China war lange verhandelt worden. Die Annäherung war zunächst schwierig, aber nach zweijährigen zähen Verhandlungen wurde der Vertrag mit den Behörden in Peking endlich unterzeichnet. Als Projektleiter der deutschen Seite wird Alexander Pal mit der Gesamtplanung des Bauvorhabens beauftragt. Auf der Grundlage der definierten Ziele bereitet er die erste Teamsitzung vor: Er erstellt die Planung des Projekts und mailt die Unterlagen zusammen mit der Einladung im Vorfeld an sein Gegenüber in Peking. Nachdem er von dort fast zwei Wochen lang keine Reaktion erhält, schaltet er seinen Vorgesetzten ein. Dieser kann in einem Telefonat allerdings auch nichts Genaueres erfahren. Letztlich entschließt sich Alexander Pal dazu, zum von ihm vorgeschlagenen Termin vor Ort zu reisen – und erfährt dort einen sehr unterkühlten Empfang. An eine Besprechung seiner Pläne ist gar nicht zu denken. Diejenigen, die den Vertrag verhandelt hatten, sind unerreichbar, der chinesische Projektleiter will sich nicht festlegen und spricht zudem nur wenig Englisch. Was tun?

Wege zur Lösung

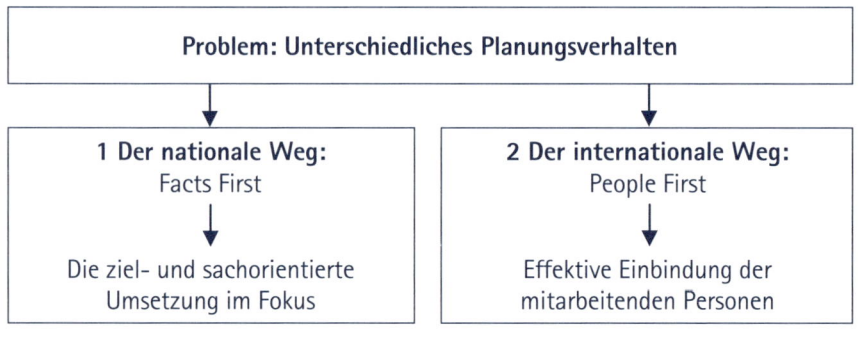

1 Der nationale Weg: Facts First

Die meisten Veröffentlichungen zum Thema Projektmanagement gehen davon aus, dass eine erste Sitzung des Teams häufig die Phase der Realisierung einläutet. Dies beinhaltet, dass die Planung im Wesentlichen fertig ist:

- **Ziele und Anforderungen** sind mit den Auftraggebern geklärt und sollen nun den Teammitgliedern nahegebracht werden – Motivation soll geschaffen bzw. gestärkt werden;

- **Meilensteine und Arbeitspakete** sind im Hinblick auf ihre logische Abfolge strukturiert – die Zuordnung der Ressourcen und die zeitliche Feinplanung werden häufig nach der ersten Sitzung durchgeführt;

- **Risiken** wurden abgeschätzt und es wurden (soweit möglich) Maßnahmen in die Wege geleitet;

- das zur Verfügung stehende **Budget** wurde freigegeben, ein Return on Investment errechnet (siehe Tool „Kosten-Nutzen-Rechnung" auf S. 80) und der Mittelabfluss zumindest im Groben geplant;

- die **Aufbauorganisation** des Projekts und deren Verhältnis zum Rest der Organisation, der Firma, sind geklärt.

Dieser Ansatz impliziert, dass die Sachfragen im Mittelpunkt der Aufmerksamkeit stehen und mit einem entsprechenden Arbeitsaufwand gelöst werden. Aufgrund wirtschaftlicher Rahmenbedingungen und des Kostendrucks, der in den meisten Unternehmen vorherrscht, steht vor allem die Kalkulation von Kosten (und Nutzen) im Vordergrund. Die genaue Verfahrensweise zur Berechnung und die Vorgaben was, in welcher Weise, mit welchem Formular bzw. mit welcher Software berechnet werden muss, sind in jedem Unternehmen – manchmal sogar innerhalb eines Unternehmens von Projekt zu Projekt – unterschiedlich. Auch Alexander Pal stellte solche Sachüberlegungen im Planungsdreieck aus Kosten, Zeit und Qualität an. Neben der Budgetplanung erarbeitet er eine genaue Kostenrahmenplanung, einen Meilensteinplan, einen Projektablaufplan und eine Risikoabschätzung zur Vorbereitung auf das erste Meeting. Allerdings hatte er damit nicht den erhofften Erfolg. Seine Gegenüber fühlten sich davon schlicht überrollt. Was Pal nicht bedacht hatte, ist das sehr unterschiedliche Planungsverhalten in unterschiedlichen Kulturen. In Deutschland, Österreich und der Schweiz werden direkte Planungsprozesse, eine gründliche Vorbereitung auf Sitzungen und klar strukturierte Tagesordnungen geschätzt. Eine optimale Sitzung besteht zumeist darin, solide Vorüberlegungen zu prüfen und zu einer fundierten, gemeinsamen Entscheidung zu gelangen. Nicht so in China. Die dortige Machtdistanz ist hoch, sodass zu jedem Entscheidungsprozess erst langwierige Abstimmungsprozesse auf unterschiedlichen Ebenen gehören, und das vor allem, wenn staatliche Stellen beteiligt sind. Aus chinesischer Sicht geht es also zunächst nicht um gründliche Detailplanung, sondern um eine eher kreisende Annäherung an die gemeinsamen Ziele und Aufgaben. Daraus ergeben sich – wiederum nicht als logische Ableitung, sondern als allmähliche Eingrenzung – die Meilensteine, Arbeitspakete usw. Alexander Pal hätte nach den Erfahrungen im zähen Verhandlungsprozess ahnen können, dass auch die Planung in China erheblich mehr Zeitaufwand umfasst als in Deutschland.

Darüber hinaus ergeben sich in fast allen internationalen Projekten sprachliche und technische Probleme. Im Szenario kann Pal sich mit seinem chinesischsprachigen Gegenüber nur über einen Dolmetscher verständigen. Alle E-Mails müssen übersetzt werden. Feinheiten gehen verloren und manche Übersetzer neigen dazu, unangenehme Inhalte und Botschaften „wegzuschleifen", um sie für eine Konsenskultur wie z. B. die chinesische leichter verdaulich zu machen. Sie sollten zudem nicht davon ausgehen, dass der westliche technische Standard weltweit gilt: Die Hard- oder Software ist vielleicht nicht kompatibel, Programme sind nicht zugänglich, Internetverbindungen sind nicht vorhanden oder vielleicht ist gar eine 24-stündige Stromversorgung nicht gesichert.

 VORSICHT BOMBE!

Wenn Sie feststellen, dass Ihr Gegenüber anders als erwartet reagiert, so z. B. durch Schweigen oder eine vermeintliche Hinhaltetaktik, sind Sie vielleicht versucht, hart zu reagieren und laut zu werden. Das wird bei der anderen Seite aber (noch mehr) Misstrauen erzeugen.

So entschärfen Sie die Bombe

1   Analysieren Sie vor jeder internationalen Begegnung die Werte, Haltungen, kulturellen Bedingungen und Motive Ihrer Partner (vgl. Kultur-Check , S. 40, und Stakeholder-Management, S. 42).

2   Finden Sie alternative Erklärungen für das Verhalten der Partner und eine Strategie, wie Sie damit umgehen wollen. Vielleicht können Sie Ihren Partnern helfen, den Druck anderer Stellen zu meistern.

3   In bestimmten Fällen ist eine unnachgiebige Haltung trotz allem Verständnis nötig: Zeigen Sie Härte ohne aufzubrausen! Finden Sie klare Worte, aber regen Sie sich (innerlich) nicht auf. Legen Sie sich eine Palette an Ausdrucksformen unterschiedlicher Grade der Verärgerung zu und wählen Sie jeweils diejenige Verhaltensweise, die der Kultur Ihres Gegenübers angepasst ist.

2

PRO

Kosten, Termine, Qualität: Mit einer hohen Aufmerksamkeit für die sachlichen und fachlichen Aufgaben legen Sie eine notwendige Grundlage Ihres Projekterfolgs: Sie haben die Kosten, Termine und die geforderten Ergebnisse im Blick. Insofern arbeiten Sie effektiv und effizient.

Karriere: Sie zeigen, dass Sie ein zielorientierter Projektleiter sind.

CONTRA

Kosten, Termine, Qualität, Karriere: Die Konzentration auf Sachlichkeit setzt voraus, dass Sie in einem Umfeld agieren, das dies zu schätzen weiß. Zu viel Sachlichkeit ruft Widerstände und Konflikte hervor, Termine verzögern sich, Kosten steigen, die Ergebnisqualität sinkt und Sie werden als „harter Hund" gemieden.

Fazit: Wann dieser Weg Erfolg verspricht

Der Facts First-Ansatz, d. h. eine sachliche Planung vor der ersten Teamsitzung macht Sinn, wenn

- ein entsprechender Projektmanagementstandard in Ihrer Organisation und bei Ihren Partnern seit längerer Zeit etabliert ist und umgesetzt wird;

- sich die Mitglieder Ihres Projektteams seit einiger Zeit kennen und bereits zusammen gearbeitet haben;

- Sie in Ländern arbeiten, in denen man ein eher sachbezogenes Herangehen bevorzugt. Hierzu zählen z. B. die Niederlande, Schweiz, Dänemark, Deutschland, Schweiz, Österreich und die USA.

2 Der internationale Weg: People First

Der Erfolg internationaler Projekte ist umso größer, je höher das professionelle Vertrauen der Akteure ineinander ist. Als Projektleiter muss ich dieses Vertrauen gewinnen, aufbauen, ausbauen, erhalten und ggf. wieder herstellen. Die Basis dieses Vertrauens ist kulturell sehr unterschiedlich. Während in Deutschland umfassende Detailkenntnisse eines Projektleiters das Vertrauen in seine Fähigkeiten fördern, suchen Chinesen, wie auch einige andere Nationen, in der Regel nach einem persönlichen Draht zum Projektleiter. Der erste Eindruck ist hierfür oft entscheidend.

Der Einstieg in die Planung internationaler Projekte sollte mit einem ausführlichen Kennenlernen des Teams beginnen. Dies muss „vor Ort" stattfinden, also nicht in Form einer Video- oder Telefonkonferenz. Die Inhalte eines solchen Meetings weichen zum Teil erheblich von den Standardvorgaben ab. Es kann z. B. sinnvoll sein, eine Reihe von Einzelgesprächen zu führen, bevor die Einladung zu einer gemeinsamen Sitzung ausgesprochen werden kann. **Ein Beispiel:** Wenn Alexander Pal ein Teammeeting ohne Vorabsprachen einberuft, kommt wahrscheinlich kaum ein in seinen Augen offenes Gespräch zustande, da die Anwesenden wenig Gelegenheit gehabt haben, sich mit anderen Entscheidungsbeteiligten außerhalb der Sitzung rückzukoppeln. Pal sollte vielmehr zunächst versuchen, die Entscheidungsprozesse und die Prioritäten der anderen Seite zu verstehen. Hierzu dienen die Einzelgespräche. Das Ziel dieses Vorgehens ist die Klärung der Aufbauorganisation *vor* Klärung der anderen Fragen: Wer gehört in welcher Art und Weise und in welchem Umfang zum Projekt? Wer ist bei welchen Fragen zuständig? Welche Absprachen gibt es in der Zusammenarbeit mit den Fachabteilungen? Wer entscheidet mit, ohne formell zuständig zu sein? Auf dieser Grundlage lässt sich dann auch klären, wer am Teammeeting teilnehmen sollte: das Kernteam auf jeden Fall und (ggf. nur für einen Teil der Zeit) weitere Stakeholder. Die Ziele und Inhalte der dann folgenden Start-Sitzung sind:

- Es muss ein gemeinsames Verständnis über die Bedeutung, die Ziele und den Nutzen des Projekts hergestellt werden. Hierzu ist einerseits der Austausch über die jeweilige Sichtweise sinnvoll. Andererseits müssen die Vorgaben und der Wunsch der eigenen Vorgesetzten deutlich werden (Managementunterstützung), z. B. durch entsprechende, einleitende Worte, durch die Anwesenheit von Chefs oder durch eine Ergebnispräsentation am Ende der ersten Sitzung.

- Weitaus schwieriger ist zumeist die Rollenklärung bzw. eine Aufgabenteilung, denn hierzu sind eine gewisse Entscheidungskompetenz und die Bereitschaft zum offenen Interessenabgleich nötig. Dies ist nicht in allen Kulturen üblich. Wenn Sie einen Führungsstil bevorzugen, der Ihren Mitarbeitern Spielräume für eigene Entscheidungen und auch für einen offenen Meinungsaustausch lässt, provoziert gerade dies in manchen Arbeitskulturen Irritationen. Ihre Gegenüber erwarten vielleicht „klare Ansagen" und können mit Ihrer Aufforderung zur Diskussion nichts anfangen; sie sind vielmehr verunsichert, ob Sie überhaupt die nötigen Führungsfähigkeiten besitzen.

- Sie sollten eine Reihe von Verhaltensregeln für Ihr Projekt vereinbaren. Im Wesentlichen beziehen sich diese auf das Berichtswesen, den Umgang mit Risiken, das Zeitmanagement und allgemeine Verhaltensregeln bei Konflikten. Auch dies ist jeweils kulturspezifisch anzupassen. Schließlich nützt es Ihnen nichts, wenn Ihnen die Mitarbeiter verbal zusichern, sachliche Berichte zu erstellen, ohne Probleme zu beschönigen, dies dann aber nicht tun. Vorbehalte müssen im Gespräch erkannt und ausgeräumt werden. Das verlangt Zeit.

- Auch die nötigen Standards sind zu klären: Sind die technischen Voraussetzungen der Projektarbeit und Kommunikation im Projekt vorhanden? Sind räumliche oder arbeitsorganisatorische Behinderungen ausgeschlossen? Welche Standards gelten für die Projektdokumentation?

- Auch sollten Sie das Treffen dazu nutzen, die Stimmung im Team zu klären bzw. sie positiv zu beeinflussen. Dies entsteht auch und vor allem durch informelle Begegnungen: Essen, Abendveranstaltungen, Smalltalk. Nutzen Sie diese „Instrumente", um Ihr Projekt voranzubringen.

Unser Weg: Einstieg in die Kultur – so sind wir vorgegangen

Alexander Pal wandte sich an uns. Mit einem KulturCoach passte er sein Vorgehen an: Er beschäftigte sich mit der chinesischen Entscheidungsfindung, führte Einzelgespräche, um die Matrixorganisation seines Projekts zu verstehen, und berief sein Kernteam zu einer zweitägigen Sitzung nach Deutschland ein. Das war zwar organisatorisch schwierig, hat aber im Ergebnis dazu geführt, dass die Kommunikation unter den Teammitgliedern erheblich verbessert wurde. Er weiß jetzt, worauf bzw. auf wen er sich verlassen kann und wer sich hinter Ausreden versteckt. Er versteht auch die unausgesprochenen Hinweise, wenn manche Dinge länger dauern als erwartet. Er spart Konfliktkosten, da die Beteiligten sich zunächst kennen lernen, bevor sie in inhaltliche Diskussionen geraten. Außerdem verringert er Reibungsverluste bzw. vermeidet Missverständnisse. Wenn dennoch Schwierigkeiten auftreten, ist die Wahrscheinlichkeit hoch, dass das Fundament der Zusammenarbeit stark genug ist, damit produktiv umzugehen.

Zu Beginn des Projekts muss allerdings ein zeitlicher Mehraufwand erbracht werden, für den nicht alle Auftraggeber Verständnis aufbringen. Es geht um den Aufbau des wesentlichen Produktivitätsfaktors: das nötige Vertrauen zwischen den Akteuren. Dennoch sind manche Entscheidungsträger wenig geneigt auf fassbare Ergebnisse zu warten, weil die immateriellen Güter noch nicht ausreichend entwickelt wurden. Der in vielen Firmen vorherrschende Kostendruck verstärkt diese „Skepsis" – insbesondere in denjenigen Ländern, in denen ein Vertrauensaufbau über die praktische Zusammenarbeit und über die inhaltliche Auseinandersetzung stattfindet. Ein gründliches Beziehungsmanagement schlägt sich vor allem in den höheren Reisekosten nieder.

 KLARTEXT: RICHTIG INS PROJEKT EINSTEIGEN

1   Gehen Sie davon aus, dass Ihr Erfolg zu 100 % von den Menschen abhängt, mit denen Sie das Projekt umsetzen wollen bzw. müssen.

2   Ihre wichtigste Ressource ist das Vertrauen Ihrer Mitarbeiter in Sie und Ihr Vertrauen in Ihre Mitarbeiter.

3   Sachlich-gründliche Planung ist die notwendige Voraussetzung für den Projekterfolg – aber ohne den Aufbau eines Teamvertrauens steht dieses Fundament im Regen.

Risikoanalyse – andere Blickwinkel, andere Vorgehensweisen

DAS SZENARIO »

2

Mia Schneider ist die Projektleiterin im gemeinsamen Forschungsvorhaben zwischen einem deutschen und einem japanischen Institut für Meeresbiologie. Sie ist von Anfang an im Projekt. Auf der Grundlage der gemeinsam beschlossenen Prozessbeschreibungen und Dokumente bereitet sie sich auf die anstehende Planungssitzung vor, bei der es vor allem um die Einschätzung möglicher Risiken geht, denn davon hängt die weitere Finanzierung durch öffentliche Stellen ab. Im Vorfeld des Meetings fordert sie das deutsche und das japanische Team per E-Mail auf, ihre Einschätzung der Risiken des Projekts abzugeben – als Grundlage für die Sitzung. Erstaunt nimmt sie die Reaktion des japanischen Projektleiters zur Kenntnis: Er lobt lediglich die erfolgreiche Zusammenarbeit und beschreibt, so Mia Schneider, „in blumigen Worten" allgemeine Probleme von Projekten. „Zuviel Wischi-Waschi", denkt Frau Schneider. Auch in der Videokonferenz, die das Planungsmeeting vorbereiten soll, sind aus Japan keine klaren Aussagen zu bekommen. Deshalb wird Frau Schneider deutlicher und äußert ihre Irritation. Die Videokonferenz wird abgebrochen. Die anstehende Planungssitzung wird verschoben. Das Projekt ist gefährdet und Frau Schneider weiß nicht weiter.

Wege zur Lösung

1 Der rationale Weg: Die Risikobetrachtung

Die sachliche Grundlage einer guten Risikoanalyse, auch in internationalen Projekten, ist schlicht: Eine abgewandelte FMEA (Fehler-, Möglichkeiten- und Einflussanalyse), genannt Risikomatrix (siehe Tool auf S. 85). Hierin sammeln Sie alle wesentlichen Aspekte und Informationen, die für eine zielgerichtete Risikoanalyse notwendig sind. Selbstverständlich kommt es bei dieser rationalen Planung darauf an, geeignete Maßnahmen zu entwickeln:

- **Präventive Maßnahmen**, also Maßnahmen, die das Eintreten eines Risikos in Ihrem Projekt verhindern sollen. Nicht alle Risiken können verhindert werden. Wenn Sie beispielsweise für den Bau einer neuen Produktionsanlage in Indonesien verantwortlich sind, haben Sie keine Möglichkeit, einen Tsunami zu verhindern – dennoch ist der Tsunami ein reales Risiko Ihres Projekts, wenn der Bau an der Küste stattfindet. Präventive Maßnahmen sollten in jedem Fall mit Verantwortlichkeiten versehen sein – denn sonst fühlt sich (wieder) keiner zuständig. Sie schlagen sich in der Regel als Arbeitspakete unmittelbar im Projektplan nieder

- **Reaktive Maßnahmen**, d. h., Sie planen, welche Schritte automatisch ausgelöst werden bzw. wer was zu tun hat, wenn der Ernstfall bezogen auf ein konkretes Risiko eintritt. Diese Maßnahmen müssen mit allen Verantwortlichen abgestimmt sein, denn sonst beginnen die Diskussionen erst zu einem Zeitpunkt, zu dem die Maßnahmen bereits greifen sollten.

Dem rationalen Ansatz folgend würde Mia Schneider dem deutschen und dem japanischen Team einen Fragebogen zur oder einen ersten Entwurf der Risikoaufstellung zusenden. Sie erwartet dann von allen Teammitgliedern, dass sie ihre jeweilige Expertsicht einbringen und offen die möglichen Probleme analysieren. Von den deutschen Teammitgliedern erhält sie vermutlich umfangreiche Aufstellungen, die zum Teil bereits mit Ideen zum Umgang mit den Risiken versehen sind. Aus Japan wird sie sehr wahrscheinlich wieder nichts – in ihren Augen – Brauchbares bekommen.

Vorgefertigte Risikolisten, die Sie aus früheren Projekten mitbringen, sind riskant. Solche Aufstellungen bergen die Illusion von solider Erfahrung und Vollständigkeit. Sie haben eine „gefühlte Sicherheit", aber die Fakten werden Sie ggf. eines Besseren belehren – nämlich dann, wenn Ihnen ein Risiko um die Ohren fliegt, das in Ihren Listen nicht auftaucht.

So entschärfen Sie die Bombe

1   Damit es Ihnen nicht so ergeht, erstellen Sie in jedem Fall zunächst eine neue Liste per Brainstorming – vorzugsweise gemeinsam mit anderen, z. B. dem Team, einer Expertengruppe, Ihren Beratern.

2   Ergänzen Sie Ihre eigene Liste durch Ideen von außen, u. a. auch durch den Vergleich mit bestehenden Listen anderer, ähnlicher Projekte.

Fazit: Wann dieser Weg Erfolg verspricht

Wer sich als rationaler Projektmanager sieht, trifft die Entscheidungen auf der Basis von Fakten: Je umfangreicher die Faktenlage, je gründlicher die Situationsanalyse, umso klarer und richtiger sind die Entscheidungen und Aktionen. Diese Sicht der Dinge ist mindestens unvollständig, international ist sie zumeist einfach nur falsch. Grundsätzlich sind Menschen beides: rational denkende und irrational handelnde Wesen. Sie orientieren sich an Werten, Erfahrungen und Traditionen, die sie nicht in jedem Fall erneut auf ihre Tauglichkeit überprüfen. So wäre es von außen betrachtet sicher sinnvoll, wenn die japanischen Kollegen sich auf die sachlichen Risikobeschreibungen konzentrieren würden. Andererseits widerstrebt ihnen dieses Vorgehen, weil sie nicht genau wissen,

■   wie offen sie ihre Kritik äußern können, ohne bei einem Beteiligten einen Gesichtsverlust zu verursachen. Die Vermeidung von Gesichtsverlust und die Fürsorge für das „Gesicht" des anderen sind in ihrer Herkunftskultur jedoch äußerst wichtig. Dies gilt umso mehr, wenn es sich um einen möglichen Gesichtsverlust des eigenen Vorgesetzten handelt.

■   was die Frage nach ihrer Expertenmeinung bedeutet: In ihrer Arbeitskultur benötigen sie einen deutlich stärkeren Kontextbezug, d. h., sie sind auf implizit mitgelieferte Informationen angewiesen: Was ist der Sinn des Fragebogens? Soll damit z. B. auch Einsparpotenzial ermittelt werden? Dient er auch der Beurteilung Einzelner?

- in welcher Form sie ihre Eindrücke formulieren sollen, die sie zwar für wichtig halten, aber bislang nicht in wohlgesetzten Argumenten formulieren können. Inwieweit sind intuitive Wahrnehmungen überhaupt erwünscht?

Aufgrund ihrer Erfahrungen in der japanischen Arbeitskultur, d. h. auf der Grundlage des dort praktizierten Umgangs mit Risikoerkennung, -einschätzung und -bearbeitung, handeln die japanischen Teammitglieder: Sie kommunizieren keine Listen möglicher Risiken. Sie versuchen, geeignete Maßnahmen einzuleiten, um Risiken zu handhaben, sie leiten Risikoinformationen erst weiter, wenn diese Maßnahmen absehbar nichts fruchten. Gespräche über Risiken, so meinen sie, könnten sie in einem schlechten Licht dastehen lassen, d. h., sie könnten als inkompetent gelten oder (schlimmer noch) ihr Vorgesetzter könnte sein Gesicht verlieren, wenn ein Risiko „zuschlägt", ohne dass er darauf vorbereitet war.

2 Der sichere Weg: Die Risikoschleife

Mia Schneider könnte auch eine Risikoschleife einziehen. Die Idee einer rekurrierenden, also wiederkehrenden Bearbeitung von Risiken ist an sich nichts Neues im Projektmanagement. So sollten die Risiken z. B. bei regelmäßig stattfindenden Status-Meetings oder Meilenstein-Reviews jeweils erneut eingeschätzt und ggf. mit neuen Maßnahmen versehen werden.

In internationalen Projekten müssen Sie sich als Projektleiter darüber hinaus fragen, welche Vorbehalte die Beteiligten aufgrund ihrer kulturellen Prägung in jeder der sechs Phasen haben könnten.

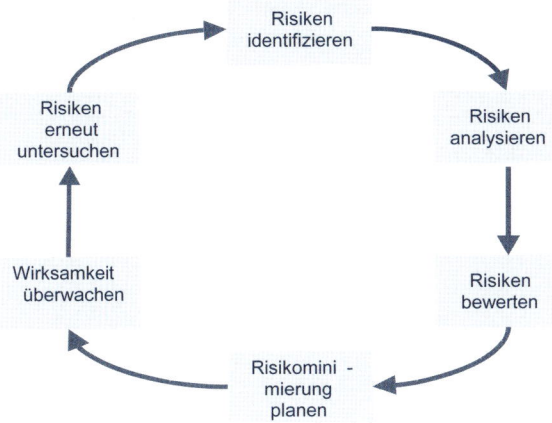

Risikoschleife

- **Risiken identifizieren:** Wenn Sie Projektbeteiligte haben, deren Denken eher holistisch und in Bildern stattfindet, können Sie keine Detailanalysen komplexer Zusammenhänge erwarten. Ein persönliches Gespräch, in dem Sie sehr viel zuhören und versuchen „zwischen den Zeilen" zu lesen, ist dann zielführender als irgendwelche Tabellen.

- **Risiken analysieren:** Einige Kulturen halten es für wichtiger, sich an äußere Gegebenheiten anzupassen, als diese aktiv gestalten zu wollen. Risiken werden dementsprechend nicht en detail analysiert, da dies sowieso nicht nützlich wäre. Sinnvoll ist hier ein Gespräch über Annahmen und Rahmenbedingungen, die als gegeben gesehen werden – indirekt ergeben sich hieraus mit Sicherheit einige wesentliche Risikofaktoren.

- **Risiken bewerten:** Wenn Sie es mit Menschen zu tun haben, deren Zeithorizont eher auf Langfristigkeit ausgerichtet ist, werden Sie zwar zu einer gemeinsamen Liste möglicher Projektrisiken gelangen, die Bedeutung der einzelnen Risiken jedoch unterschiedlich beurteilen. Einigen Sie sich hier auf eine gemeinsame Aufstellung und nehmen Sie die Bewertung getrennt vor. Hieraus ergeben sich oftmals interessante Gespräche, die Ihnen die Denkweise Ihrer Mitarbeiter oder Kollegen besser verraten als jede Sachdiskussion.

- **Risikominimierung planen:** Berücksichtigen Sie Zuständigkeiten und unterschiedliche Machtbefugnisse. Wo Statusunterschiede groß sind, müssen Sie dies in Ihre Planung einbeziehen: Ihr japanischer Sicherheitsbeauftragter kann einen zu niedrigen Rang haben, um eine Versammlung von Fachexperten einzuberufen, wenn ein bestimmtes Risiko bearbeitet werden soll. Berücksichtigen Sie auch Beziehungen, die in keinem formalen Organigramm auftauchen. Wo nicht alle Menschen nach den gleichen Regeln behandelt werden, z. B. weil sie zwar in der Firmenhierarchie niedrig eingestuft, aber mit dem Werksleiter verwandt sind, müssen Sie dies bei Prävention und Reaktion einbeziehen.

- **Wirksamkeit überwachen:** Wenn Ihr Zuständiger für die Auslösung von frühzeitigen Reaktionsmaßnahmen aus einer (Arbeits-)Kultur stammt, die ungewisse oder unbekannte Situationen eher reizvoll findet, kann dies zu Verhaltensweisen führen, die Ihrem deutschen Bedürfnis nach einer Unsicherheitsvermeidung durch klare Regeln und eine frühzeitige Krisenintervention widersprechen. Das Meldeverhalten ist unmittelbar abhängig von der wahrgenommenen Bedrohung; Kulturen filtern die Wahrnehmung dessen, was als bedrohlich gilt, ab wann Hilfe hinzugezogen werden sollte und ob es möglicherweise als Versagen gilt, Vorgesetzte frühzeitig einzuschalten.

- **Risiken erneut in der beschriebenen Weise untersuchen.**

Die ungeschriebenen Regeln der jeweiligen Arbeitskultur können der rationalen Bearbeitung von Sachfragen einen gründlichen Strich durch die Rechnung machen – so lange diese Haltungen nicht bewusst erkannt und berücksichtigt werden.

Kosten und Qualität: Ein kulturangepasstes Risikomanagement trägt erheblich zur Qualitätssicherung bei, da die Konfliktkosten ebenso sinken wie die Fehlerkosten aufgrund mangelnder oder verspäteter Risikobearbeitung.

Karriere: Das angepasste Risikomanagement fördert eine vertrauensvolle Zusammenarbeit, was Ihrer internationalen Karriere keinesfalls schadet.

Kosten und Termine: Ein kulturangepasstes Risikomanagement erhöht die Organisationskosten sowie den Druck auf die zumeist ohnehin schon engen Termine.

Unser Weg: Risikobeurteilung in mehreren Schritten – so sind wir vorgegangen

Mia Schneider suchte die Hilfe eines Experten unseres Beratungsunternehmens. Dieser empfahl ihr, die Risikobeurteilung in mehreren Schritten durchzuführen:

- Zunächst beschäftigte sich Frau Schneider sehr intensiv mit den Werten, die im japanischen Arbeitsleben eine Rolle spielen. Dies ermöglichte ihr, das eigene Verhalten aus der Sicht der Gegenseite zu betrachten und erweiterte so ihre Handlungsoptionen. Außerdem lernte sie, besser auf die Körpersprache ihrer Geschäftspartner zu achten. Der Körper drückt immer Gefühlsreaktionen aus und ist insofern ein Indikator für das, was (vielleicht aus Gründen der Höflichkeit) ungesagt bleibt.

- Auf dieser Basis konnten beide Seiten die weiteren Schritte besprechen: Explizite und implizite Ziele der Risikoabschätzung wurden vereinbart, Regeln für den Umgang mit der Befragung und den Antworten entwickelt und der Fragebogen in die bisherigen Maßnahmen des KVP (kontinuierlicher Verbesserungsprozess) eingebettet. Es wurde ausdrücklich darum gebeten, auch noch nicht 100-prozentig erfassbare Risiken in die Liste aufzunehmen.

- Aufgrund der kulturell hohen Machtdistanz in Japan erfolgte die Erstellung der Listen dort top-down, d. h., höhere Hierarchieebenen wurden in einem ersten Schritt vor den nachgeordneten Stellen befragt.

- Die Ergebnisse wurden anonym gesammelt, d. h. nicht in Form einer Antwortmail an Mia Schneider, sondern auf dem für alle zugänglichen Server. Zusätzlich wurde ein Projekt-Blog eingerichtet, in dem sich alle Projektmitglieder anmelden konnten – auch ohne ihren richtigen Namen zu nennen.

- Die Auswertung erfolgte ebenfalls in einer Form, die Einzelaussagen nicht rückverfolgbar wiedergab.

- Zum Abschluss fanden zwei Sitzungen jeweils vor Ort statt, in denen die Ergebnisse in kleiner Runde bewertet wurden; eine Sitzung mit dem gesamten Team wurde erst danach einberufen.

 KLARTEXT: RISIKEN ERKENNEN UND HANDHABEN

1 An den bekannten Tools des Risikomanagements ändert sich im internationalen Rahmen nichts – nur deren Anwendung ist anders.

2 Vergessen Sie etwaige Ansprüche an so genannte „rationale Projektmanager" – vertrauen Sie Ihrer Intuition. Gerade in internationalen Projekten können Sie die Informationsflut nicht kontrollieren, Sie können nur auf der Welle reiten.

3 Lernen Sie die Kunst des Zuhörens. Lernen Sie vor allem, zwischen den Zeilen zu lesen und die jeweilige Körpersprache zu verstehen.

Arbeitspakete verteilen – wie Sie die Akzeptanz Ihrer Planung erhöhen

Seit Jahren ist Michael Merz als Projektleiter in einem Unternehmen tätig, das Wundpflege-Produkte herstellt. Ende vergangenen Jahres wurde es von einem amerikanischen Konzern gekauft. Von dort erhält Herr Merz den Auftrag, die Integration der beiden europäischen Produktionsstandorte Dresden und Dijon zu leiten. Nach den ersten Vorgesprächen in Dallas hat Michael Merz den Eindruck, dass der amerikanische Verantwortliche zwar die „Oberhoheit" über das Projekt behalten möchte, von seiner Seite jedoch kaum konkrete Hinweise zur Planung zu erwarten sind. Er hatte sich in allgemeinen Zielbeschreibungen ergangen und alle kritischen Nachfragen als lösbare Herausforderung dargestellt.

Merz macht sich an die Arbeit und erstellt den Projektstrukturplan, einschließlich der Arbeitspakete, Verantwortlichkeiten und Termine. Seine Planung sendet er nach Dallas und Dijon, mit der französischen Kollegin vereinbart er einen Gesprächstermin. Das Treffen liefert allerdings recht dürftige Ergebnisse: Nach seiner Ankunft in Dijon geht er mit seiner Gesprächspartnerin und weiteren Mitarbeitern zu einem ausgiebigen Mittagessen. Im Verlauf dieser zweieinhalb Stunden wächst seine Ungeduld, sodass er wiederholt versucht, über das Projekt zu sprechen. Damit hat er aber kein Glück. Nach dem Essen findet eine relativ kurze Sitzung statt, in der Herr Merz und seine französische Gesprächspartnerin Punkte finden, über die sie unterschiedlicher Meinung sind: die Strategie des Projekts, die Art der deutsch-französischen Partnerschaft und die Planung für den Einstiegsworkshop. An einen effizienten Start ist in dieser Form und unter diesen Bedingungen nicht zu denken. Was hat Herr Merz falsch gemacht?

Wege zur Lösung

Problem: Arbeitspakete in internationalen Teams definieren und verteilen

1 Der klassische Weg:
Der Projektstrukturplan

Effiziente Strukturierung von
Sachaufgaben

2 Der interkulturelle Weg:
Rollenklärung und Ablaufplan

Erhöhte Akzeptanz der Planung,
Sicherung des Projektablaufs

1 Der klassische Weg: Der Projektstrukturplan

Michael Merz hat sich an die klassische Vorgehensweise der Projektarbeit gehalten: ein Vorgespräch mit den Auftraggebern, die anschließende Zielformulierung sowie die folgende Detailplanung. Alles nach den Regeln der Kunst – schließlich arbeitet er mit deutscher Präzision, Solidität und Zuverlässigkeit. Damit hatte er in der Vergangenheit immer wieder Erfolg. Er geht in drei Schritten vor:

- Was? Er erstellt zunächst einen Projektstrukturplan (siehe Tool auf S. 83). Abgeleitet aus der mit Dallas abgestimmten, detaillierten Zielaufstellung entwickelt er die Meilensteine. Diese sind (nach der Definition der einschlägigen DIN-Norm) „Ereignisse von besonderer Bedeutung" im Projekt. Anders ausgedrückt: Er bestimmt die logische Etappenfolge zur Erreichung der Ziele. Dabei geht er aufgrund seiner Erfahrung als Projektexperte davon aus, dass es seine Aufgabe ist, die Projektinhalte sachlich-fachlich zu überblicken. Insofern ist sein Projektstrukturplan sehr detailliert. Merz hat dabei nicht bedacht, dass dieses Vorgehen im deutschen Sprachraum zwar normalerweise sehr effizient ist – nicht aber in allen Ländern. In Frankreich z. B. steht eine Detailplanung erst am Ende eines gemeinsamen Prozesses.

- Wer? Hier hat sich die so genannte DMI-Matrix (international: RACI Matrix, siehe Tool S. 77) eingebürgert. Sie schließt sich nahtlos an den

Projektstrukturplan an und beschreibt die Zuständigkeit je Arbeitspaket. Auch beinhaltet sie eine Auflistung des für ein Arbeitspaket nötigen Inputs (Material, Informationen oder sonstiges) und den entsprechenden Output, also eine Kurzbeschreibung des Arbeitsergebnisses (z. B. ein Design, ein Testbericht, ein Werkstück, ein Gebäudeteil).

Herr Merz hätte sich einen Großteil seiner Arbeit in diesem Bereich sparen können. Er hätte sich auf eine Rahmenplanung beschränken sollen, die den Teilprojekten den Raum lässt, sich selbst zu organisieren und die Arbeit zu verteilen. Gerade in internationalen Großprojekten ist eine Planungsbeteiligung vor Ort entscheidend für den Erfolg, denn von der Sache her ist eine Zentralsteuerung aus der Ferne nicht durchführbar, und die kulturellen Besonderheiten können ebenfalls kaum berücksichtigt werden. Franzosen und Engländer, aber auch andere Nationen fühlen sich auch aus historischen Gründen eher unwohl bei der Vorstellung, aus Deutschland mit detaillierten Vorgaben gesteuert zu werden.

- **Wann?** Hierfür bieten sich zwei Tools an: das Balkendiagramm (auch Gantt-Chart genannt, siehe Tool auf S. 75) oder die Netzplantechnik. Für alle kleinen und die meisten mittleren Projekte ist das Balkendiagramm nicht nur das einfachste Planungstool, sondern auch völlig ausreichend, damit der Projektleiter den nötigen Überblick bekommt bzw. behält. Wenn Sie neu im Projektgeschäft sind oder den nun anstehenden Projektinhalt noch nie bearbeitet haben, sollten Sie sich Unterstützung von erfahrenen Projektleitern sichern. Wie können Sie sonst entscheiden, welchen zeitlichen Umfang ein bestimmtes Arbeitspaket benötigt? Hier sind die berüchtigten Listen vielleicht hilfreich – aber nur, wenn Sie Ihre Planung noch einmal von einem Kollegen gegenlesen lassen. Bei komplexen Großprojekten sollten Sie auf die Unterstützung der Teilprojektleiter bauen, sofern diese über die nötige Erfahrung verfügen und Ihnen bzw. dem Projekt wohlgesonnen sind.

Fazit: Wann dieser Weg Erfolg verspricht

Dieses strukturierte Herangehen an die Projektplanung sollten alle Projektleiter für das eigene Planungsverhalten verinnerlichen: Erst „was", dann „wer", dann „wann". Der Dreischritt folgt der Sachlogik und findet dankbare Anwender in allen Kulturen, die

- eine direkte Kommunikation vor allem über Sachinhalte bevorzugen, z. B. Dänemark, Frankreich, USA, Deutschland;

- sequenzielles Arbeiten, d. h. eine logisch und zeitlich strukturierte Schrittfolge bevorzugen, z. B. USA, Deutschland, Niederlande, Schweiz, Frankreich;

- ein hohes Bedürfnis haben, unsichere oder unklare Situationen zu vermeiden bzw. diese detailliert zu strukturieren, z. B. Deutschland, Frankreich, Spanien, Japan; Amerikaner sind im Unterschied hierzu eher geneigt, unbekannte Situationen als interessante Herausforderung zu betrachten und haben hier eine zumeist optimistische Sicht;

- ihren Fokus auf Sachfragen legen, z. B. Dänemark, USA, Niederlande, Deutschland; stärker als diese achten Franzosen auf implizite Botschaften und legen einen deutlich höheren Wert auf den Aufbau guter Beziehungen *vor* dem Einstieg in die inhaltliche Detailarbeit.

Aus dieser Aufstellung wird deutlich, dass die Herangehensweise von Herrn Merz für seine amerikanischen und französischen Partner in Teilen sehr gut nachvollziehbar war. Allerdings ergeben sich auch spezifische Unterschiede zum deutschen Planungsverständnis. Neben den bereits oben genannten Punkten gilt dies für:

- den Ausdruck von Gefühlen, bei dem es zwischen Amerikanern und Deutschen deutlich mehr Übereinstimmung gibt als zu den expressiveren und manchmal zu dramatischen Gesten neigenden Franzosen;

- die Machtunterschiede, dargestellt durch Statussymbole; sie sind in Frankreich deutlicher als in Deutschland oder in den USA.

- In Frankreich wird meist mehr Werte auf Lebensqualität durch soziale Kontakte gelegt als in Deutschland oder den USA, was sich z. B. am Stellenwert des gemeinsamen Mittagessens ablesen lässt. Bei dieser Gelegenheit spielt das Geschäftliche keine Rolle. Es kommt vielmehr darauf an, die „Kunst der Konversation" zu betreiben.

2 Der interkulturelle Weg: Rollenklärung und Ablaufplan

Der erste Fehler von Michael Merz war es, die kulturellen Unterschiede seiner Gesprächspartner nicht zu berücksichtigen. Seine Erwartungen an den Ablauf der Begegnungen waren insofern unrealistisch. Sein zweiter Fehler ergab sich daraus, dass er bislang zu wenig Erfahrung sammeln konnte mit den Besonderheiten der internationalen, also kulturüberschreitenden Projektarbeit: Bei vielen Darstellungen der Projektplanung fehlt eine gründliche Einordnung des „Wie". So wird diese Frage meist getrennt von den Fragen „Was – Wer – Wann" abgehandelt und dann lediglich im Zusammenhang der Mittelplanung, d. h. der Budgetkalkulation. Bei internationalen Projekten ist eine solche Sichtweise allerdings wenig hilfreich. Das „Wie" ist oft die entscheidende Frage, das Budget ist ein wichtiger Aspekt davon. Darüber gehören dazu folgende Bereiche:

- die materielle Ausstattung, d. h. die Verfügbarkeit von Arbeitsmitteln,

- die Kommunikation, sowohl die projektinterne Kommunikations**kultur** (d. h. Regeln des Umgangs miteinander, Häufigkeit des Austausches usw.) wie auch die Kommunikations**struktur** (Inhalte der Kommunikation, Schnittstellenklärung etc.),

- die Rollen, also die Erwartungen an die Form der Zusammenarbeit, die jeweiligen Zuständigkeiten und Verantwortlichkeiten,

- die Verhaltenserwartungen, z. B. bei Schwierigkeiten und Konflikten sowie gegenüber Risiken.

Insofern sollten Sie in Ihren internationalen Projekten immer die übliche Reihenfolge ändern: Statt „Was – Wer – Wann – Wie" muss es heißen: „Wie – Was – Wer – Wann".

Wie auch in anderen Bereichen der internationalen Projektarbeit bzw. -leitung spielen die menschlichen, sachlichen und technischen Kommunikationsthemen eine erheblich größere Rolle als bei rein nationalen Vorhaben. Im Szenario ist Merz vom *Verhalten* seiner Partner irritiert – sowohl in den USA als auch in Frankreich. Mit den in seinen Augen oberflächlichen Anfeuerungen des Verantwortlichen aus Dallas sowohl in der Begegnung wie in den nachfolgenden Mails kann er nichts anfangen. Er erwartet gründliche und detaillierte Planungsabsprachen, die ihm klare Richtlinien für sein weiteres Vorgehen geben. Er fühlt sich vom amerikanischen Mutterkonzern allein gelassen und orientierungslos. Er würde gern die richtigen Schritte einleiten – aber was sind diese und was nützt es, die seiner Meinung nach richtigen Schritte zu tun, wenn diese dann später wieder „kassiert" werden?

Auch der amerikanische Verantwortliche ist irritiert, denn er hätte erwartet, dass der erfahrene Deutsche mehr Kompetenz hat – das ist jedenfalls seine Sicht der Dinge. Er unterschätzt Merz, weil er dessen Bedürfnis nach detaillierten Absprachen für eine Schwäche hält. Sein Vorgehen wäre, Einverständnis über die „Vision", die grobe Zielsetzung des Projekts und über das generelle Herangehen an die Aufgabe herzustellen; auf dieser Grundlage erwartet er weitgehende Eigenständigkeit von Merz, verbunden mit häufigen, oft kurzen Gesprächen oder E-Mails über jeweilige Detailideen bzw. über den Fortschritt des Projekts – so ist er es von seinen US-Projekten gewöhnt.

Es wäre also gut gewesen, wenn Merz seine Vorgehensweise mit dem amerikanischen Verantwortlichen besprochen hätte. Um solche Fehler zu vermeiden, sollten Sie die typischen Wie-Themen klären:

- Welche Erfahrung mit erfolgreicher und schwieriger Kommunikation in vergangenen Projekten haben die Partner?

- Welche Erwartungen bestehen bei den Partnern, insbesondere bei schwierigen Situationen, wie z. B. Risiko- und Fehlermeldungen oder Konflikten?

- Welche Erwartungen haben die Partner bei Entscheidungen? Also: Wie viele Anweisungen versus eigenständige Arbeit, wie viele Entscheidungen „von oben" versus dezentrale Zuständigkeit, wie viel Konsultation vor einer Entscheidung?

- Wie häufig sollte kommuniziert werden und in welcher Form (Sitzungen, Video- oder Telefonkonferenzen, Chats, Blogs, Mails usw.)?

- Welche Inhalte sind für die jeweiligen Kommunikationsgelegenheiten angemessen? Welche Standardinhalte sollen immer wieder Gegenstand von Sitzungen oder Berichtsmails sein?

- Welche Stereotypen über die jeweils andere Kultur gibt es und welche historischen Erfahrungen existieren?

- Welche Dos und Don'ts sind den Projektpartnern wichtig?

Eine solche Herangehensweise wirkt insbesondere dann zielführend und konfliktvermeidend, wenn es kulturell geprägte Negativerwartungen gibt. In diesen Fällen geht es weniger darum, einen guten Eindruck zu hinterlassen, als den erwarteten schlechten Eindruck zu vermeiden. So ist es z. B. in dem Verhältnis des Deutschen, Herrn Merz, zu seiner französischen Kollegin: Er erlebt ihre intellektuellen Diskussionen über Verfahrensweisen und Projekte sowie ihre kritische Haltung als unsinnig und wenig konstruktiv. Die ausführlichen Mahlzeiten hält er für Zeitverschwendung – schließlich werde dabei ja nichts Substanzielles besprochen. Die französische Kollegin ist ebenfalls wenig begeistert von diesem „typischen Deutschen": Sie beschwert sich bei ihrem Vorgesetzten darüber, dass Merz mit einem bereits fertigen Konzept angekommen sei. Sie hätte nur noch zustimmen sollen und sei demgemäß von ihm nicht als vollwertige Partnerin akzeptiert. Außerdem fehle es Merz an Analysefähigkeit – dem fachlichen Gespräch über Vorgehensweisen sei er ausgewichen, an den sehr anregenden Gesprächen beim Mittagessen habe er sich nur mit Einlassungen beteiligt, die sich auf seine konkreten Vorstellungen über das anstehende Projekt bezogen.

Wenn Sie diese Fehler von Herrn Merz vermeiden möchten, sollten Sie sich vorab vor allem über drei Punkte informieren:

■ Wie wird in der anderen Geschäftskultur eine vertrauensvolle Arbeitsbeziehung aufgebaut? In Frankreich z. B. gehört hierzu das gemeinsame längere Mittagessen bei dem über alles Mögliche gesprochen wird, aber nicht über das Berufliche.

VORSICHT BOMBE!

Aus deutscher Sicht wird der Smalltalk oft als Blabla eingeordnet, als notwendiges Übel, um z. B. in Großbritannien, Frankreich, den USA oder im arabischen Raum Geschäfte machen zu können. Wenn man schon ein ausgedehntes Mittagessen zusammen einnimmt, könnte man die Zeit doch viel effektiver nutzen, indem man schon einmal ein paar Eckpunkte der Zusammenarbeit klärt.

So entschärfen Sie die Bombe

1 Sehen Sie Begegnungen außerhalb des Sitzungszimmers bzw. die Zeit bis zum offiziellen Sitzungsbeginn als geschäftliche Investition: Hier können Sie etwas über die Art erfahren, wie Ihr Partner denkt, Sie können sich als anregender

- Welche unausgesprochenen Negativerwartungen haben Ihre Partner und Gegenüber? Diese Befürchtungen sollten Sie in jedem Fall gezielt enttäuschen: Statt „typisch deutsch" und direkt aufzutreten, investieren Sie lieber etwas mehr Zeit, Ihr Gegenüber als Person mit persönlichen Interessen, Vorlieben und Hobbies kennen zu lernen. Zeigen Sie Interesse an dem, was Ihr Gegenüber interessiert, auch wenn Sie z. B. kein Weinkenner sind. Es geht darum, ernsthaftes Interesse zu zeigen – nicht darum, mit Fachkenntnissen zu glänzen.

- Begriffe, die für Sie klar definiert halten, müssen in anderen Projektkulturen nicht die gleiche Bedeutung besitzen. Dies ist eine häufige Quelle für gravierende Missverständnisse. Einige deutsch-französische Beispiele:

Beispiele für unterschiedliche Auffassungen von typischen Begriffen	
Kompromiss	
Deutschland	Eine realistische Übereinkunft, die durch gegenseitige Zugeständnisse zustande kommt.
Frankreich	Etwas für Verlierer – schwächt die Motivation.
Effizienz	
Deutschland	Erreichung gesetzter Ziele bei genauer Kontrolle von Unwägbarkeiten.
Frankreich	Erreichung von mehr als dem Angestrebten bei flexibler Handhabung des Unerwarteten.
Teamarbeit	
Deutschland	Wer ein Problem feststellt, versucht es möglichst selbst zu lösen, ohne andere zu belasten.
Frankrcich	Gemeinsame Problemlösung auf der Basis eines guten persönlichen Verhältnisses.

Sie entschärfen dieses Problem, indem Sie einige der für Sie wesentlichen Projektbegriffe, wie z. B. Vorgehensweise, Plan, präzise, zeitnah oder vertrauensvolle Zusammenarbeit sammeln. Fragen Sie dann Ihre Kooperationspartner, wie sie die Worte verstehen, in welchem Zusammenhang sie diese benutzen würden oder ob es Sprichwörter in ihrer Sprache gibt, in denen die Begriffe eine Rolle spielen. Erläutern Sie Ihre Vorstellungen zu den Begriffen und äußern Sie sich, wenn Sie glauben, Unterschiede wahrgenommen zu haben. Nutzen Sie dieses Gespräch, um zu zeigen dass Sie die Kultur Ihres Gegenübers respektieren und etwas darüber lernen möchten.

PRO

Termine und Kosten: Reibungsverluste werden verringert, die Kosten sinken und das gegenseitige operative Vertrauen beschleunigt die Ergebnissicherung.

Qualität: Es kommt zu wesentlich besseren Ergebnissen, da entweder die Absprachen präziser sind oder Missverständnisse schneller aufgeklärt werden.

Karriere: Die Auswirkungen auf Ihre Karriere dürften ebenfalls eher positiv sein, da Sie Erfahrungen im Umgang mit divergierenden Interessen, Werten und Verhaltensweisen sammeln. Hierdurch werden Sie international einsetzbar.

CONTRA

Termine und Kosten: Der Planungsaufwand ist zunächst höher, da kommunikative Zusatzaufgaben entstehen. Hierdurch steigt der Druck durch die Auftraggeber, die zügige Fortschritte sehen möchten. Auch höhere Reisekosten sind die Folge dieses Wegs.

Fazit: Wann dieser Weg Erfolg verspricht

Wenn Sie mit anderen Arbeitskulturen zu tun haben, kommen Sie um eine gründliche Vorbereitung und diesen Weg nicht herum. Allerdings können die Konsequenzen aus Ihrer Beschäftigung mit kulturellen Werten und Arbeitsweisen extrem unterschiedlich sein: Die Klärung von Ansichten und Meinungen, Werten und Haltungen erfordert Partner, die willens und in der Lage sind, halbwegs offen über diese Themen zu sprechen. Ihr Kommunikations- und Führungsstil sollte dann eher offen für Diskussionen und die

Ideen der Teammitglieder sein. In Ländern mit großer Machtdistanz ist eine solche Offenheit Illusion. Wer als Vorgesetzter in Ländern wie z. B. China oder Japan eine „kontroverse" Diskussion dieser Art von Zaun brechen möchte, wird scheitern. Hier müssen indirektere Wege gefunden werden, die unangenehmen Themen zu adressieren. Schwieriger ist es auch in partikularistisch orientierten Ländern: Regeln werden dort nicht als immer gültig angesehen und Vereinbarungen sind nicht in jedem Fall bindend. So gelten für nahe Verwandte andere Regeln als für andere Projektmitarbeiter, was aus europäischer Sicht dann allerdings eher wie Begünstigung oder Vetternwirtschaft wirkt.

Der Weg funktioniert, wenn Sie gelernt haben, unterschiedliche Kommunikations- und Führungsstile umzusetzen.

Unser Weg: Änderung in der Planung – so sind wir vorgegangen

Wie es bei Herrn Merk weiterging? Er wandte sich an einen Kollegen, der bereits einige Projekte im internationalen Rahmen durchgeführt hatte. Dieser riet ihm, seine eigene Planungsweise zu verändern: Zunächst ließ er sich auf einen offenen Gedankenaustausch mit seinem französischen bzw. amerikanischen Gegenüber ein und danach – als Ergebnis dieses Austausches – legte er eine genauere Planung vor. Gegenüber dem amerikanischen Mutterkonzern stellte er engere Bindungen her und meldete sich dort häufiger, als er es sonst gegenüber Vorgesetzten tun würde. Herr Merz ist mit dieser veränderten Reihenfolge seiner Planung weiterhin gut gefahren. Seine französische Kollegin hat er zu einem Gegenbesuch nach Deutschland eingeladen – und ist mit ihr ausführlich Essen gegangen. Bei dieser Gelegenheit haben sie sich über viele Dinge, z. B. Hobbies und kulturelle Interessen, unterhalten. Michael Merz lernte sie so als Menschen kennen und konnte sie besser einschätzen. Über das Projekt haben sie den ganzen Abend nicht gesprochen.

1 Als Projektleiter müssen Sie vor allem kreativ sein. Sie haben es mit einer Vielfalt von Werten, Haltungen und Verhaltensweisen zu tun – es gibt nicht das eine Rezept zur Lösung aller Planungsprobleme.

2 Jede Planung ist der Fortschritt vom Chaos zur Struktur – versuchen Sie nicht, Ihre Struktur als die allein selig machende Lösung zu verkaufen und halten Sie das Durcheinander zu Beginn aus.

3 Interessieren Sie sich für die Menschen, die Sie im Projekt umgeben. Schließlich müssen Sie mit ihnen arbeiten und verbringen mehr Zeit mit ihnen als zuhause.

Diese Tools brauchen Sie

NÜTZLICHE TOOLS @

Tool	Kurzbeschreibung Stärken / Schwächen	Aufwand Nutzen
Balkendiagramm oder Gantt-Chart	Ordnet den Arbeitspaketen und Personen die entsprechende zeitliche Planung zu (Stichwort: „Wann"). Muss bei Verzögerungen oder Änderungen im Verlauf des Projekts immer wieder angepasst werden.	●●●●● ★★★★★
DMI-Matrix	Stellt die Zuordnung von Aufgaben und Ausführenden her (Stichwort: „Wer"). Setzt einen guten Überblick über die Stakeholder voraus. Nachteil: Aufwändig in der Erstellung.	●●●●● ★★★★★
Kommunikationsplan	Gewährleistet den Überblick über die kommunikativen Anforderungen des Projekts, indem Form, Anlass, Inhalte und Personenkreis beschrieben werden. Ergänzung zur Stakeholder-Analyse (vgl. S. 42)	●●●●● ★★★★

Tool	Kurzbeschreibung Stärken / Schwächen	Aufwand Nutzen
Kosten-Nutzen-Rechnung	Mit dieser Rechnung können Sie in einfacher Form den „Return on Investment" Ihres Projekts berechnen und für die Entscheider darstellen. Nachteil: Ist in den meisten Firmen nur ein kleiner Teil der vorgeschriebenen Kalkulationen.	●●●●● ★★★★
Matrix-Organisation	Stellt die Stakeholder und deren formelles Verhältnis zum Projekt dar. Nachteile: Im Unterschied zur Stakeholder Analyse sind hier nur die offiziellen Befugnisse relevant – Netzwerke werden nicht erfasst.	●● ★★★★
Projekt-arbeitsplan (PAP)	Grundlegendes Werkzeug der Planung. Es integriert die drei Methoden Projektstrukturplan, DMI-Matrix und das Gantt-Chart. Recht aufwändig, aber unverzichtbar, um den Überblick zu behalten.	●●●●● ★★★★★
Projekt-strukturplan	Beschreibt die Logik der Meilensteine und Arbeitspakete. Nachteil: Verleitet dazu, die zeitliche Dimension bereits hier zu integrieren, anstatt ausschließlich der Sachlogik zu folgen.	●●●●● ★★★★★
Risikomatrix ⊡	Beschreibt die Risiken und deren Bedeutung. Hilft Ihnen, Prioritäten zu setzen. Es ist somit Ihr zentrales Kontroll-, Steuerungs- und Berichtsinstrument. Nachteile: Aufwändige Ersterstellung und Pflege der Daten. Das „Zahlenwerk" gaukelt möglicherweise zu viel Objektivität vor, obwohl die Basis subjektive Einschätzungen bilden.	●●● ★★★★★

Die mit dem Icon ⊡ gekennzeichneten Tools können Sie im Internet unter www.projektmagazin.de/klartext abrufen.

Die wichtigsten Tools – so funktionieren sie

Balkendiagramm / Gantt-Chart

Ob in klassischer Weise auf einer Pinnwand oder als IT-Tool, die Durchführung ist immer gleich. Die Grundlage ist die DMI-Matrix (siehe S. 77). Dieser werden weitere Spalten hinzugefügt, um das Balkendiagramm zu erstellen:

- **Personentage** (früher Manntage), also der Arbeitsaufwand pro Person, die an der Erledigung des Arbeitspakets beteiligt ist;

- **Arbeitstage,** die im Verlauf einer Arbeitswoche insgesamt zur Erledigung benötigt werden;

- die Übertragung der Inhalte aus der dritten Spalte (Arbeitstage) in einen **Kalender** in Form von Balken.

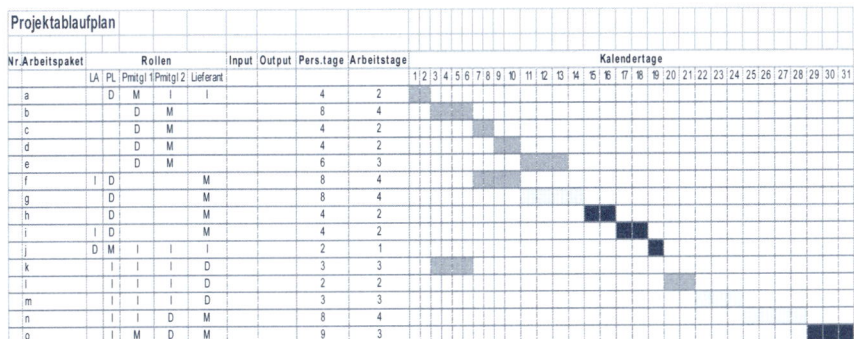

Balkendiagramm

Die besondere Herausforderung an dieser Stelle des Planungsprozesses sind folgende:

- **Die Verhinderung von Doppelzuordnungen:** Kein Akteur kann zwei verschiedene Aufgaben gleichzeitig erfüllen. Insofern muss bei der Planung überprüft werden, ob jede handelnde Person nur im Rahmen ihrer Kapazitäten eingeplant wurde – dies trifft insbesondere für Teilzeitkräfte zu. Für diese Personen genügt es oft nicht, die prozentuale Zuordnung ihrer Wochenarbeitszeit zu berücksichtigen. Eventuell gibt es weitere

Planungsrestriktionen, wie bestimmte Wochentage, an denen sie zur Verfügung stehen, oder vorgegebene Zeiten pro Tag.

- **Das Erkennen eines zeitkritischen Pfades:** Wenn man mit der hier nicht weiter ausgeführten Netzplantechnik arbeitet, erhält man sehr schnell einen Überblick über diejenige Abfolge von Arbeitspaketen, deren Verzögerung sich unmittelbar auf den Endzeitpunkt auswirken würde. Wenn Sie ein IT-Tool wie MS Project verwenden, können Sie zwischen den beiden Darstellungsweisen wechseln und erhalten so einen guten Überblick. Wenn Sie ausschließlich mit einem Balkendiagramm arbeiten – was für kleine und mittlere Projekte zumeist völlig ausreichend ist – müssen Sie sich den Überblick anders verschaffen: Markieren Sie diejenigen Arbeitspakete, die aneinander anschließen. Wenn Sie diese Abfolge genauer betrachten, sehen Sie den Pfad, auf dem Sie sich keine Verzögerungen erlauben dürfen.

- **Die Notwendigkeit in Schleifen zu arbeiten (AP zerhacken):** Wie so oft in Projekten, sind Sie die Planung bis hierher mehr oder weniger linear durchgegangen. Nun stellen Sie fest, dass einige der Arbeitspakte für eine zeitliche Einordnung doch noch zu komplex sind. Oder Sie bemerken aufgrund von Rückmeldungen, dass Sie einzelne Arbeitspakete vergessen haben. Diese Schleifen sind normal und sogar wünschenswert: Sie weisen Sie darauf hin, wo Planungsungenauigkeiten vorliegen.

Insgesamt stellt sich bei jeder neuen Projektplanung die Frage: „Was ist realistisch?" Wenn Sie Projekte von außen betrachten, stellen Sie fest, dass der Aufwand für kommunikative und administrative Aufgaben weitgehend fehlt. Dies liegt zum einen daran, dass viele Projektleiter aus technischen Fachrichtungen kommen und insofern den Bedarf nach Klärung, Absprache, Diskussion usw. unterschätzen. Zum anderen liegt das Phänomen am Kostendruck. Sponsoren, Lenkungsausschüsse oder schlicht die hausinterne Controllingabteilung streichen gern die scheinbar nicht direkt produktiven Aufwendungen, vor allem wenn es sich um Reisekosten handelt. Wenn Sie einen rein sachlichen Umsetzungsplan erstellen, müssten Sie realistischerweise 80 % der veranschlagten Zeit für Administration und Kommunikation zuschlagen. (Realistisch heißt hier: Sie bilden das nötige Geschehen im Projektverlauf im Plan ab.) Das ist für viele Vorgesetzte völlig unrealistisch, sprich jenseits dessen, was ins Budget passt und genehmigungsfähig wäre.

Dieser Widerspruch „löst" sich nur, wenn der Plan verschlankt wird, die Arbeit aber dennoch die gleiche bleibt, die dann in Form von Überstunden erbracht wird.

DMI-Matrix

Typischerweise wird die DMI-Matrix in einer Excel-Tabelle dargestellt: In der ersten Spalte steht die Nummerierung der Arbeitspakete von 1 bis x, gefolgt von der Bezeichnung der einzelnen Arbeitspakete. In den nachfolgenden Spalten sind alle im bzw. für das Projekt Aktiven aufgeführt: vom Lenkungsausschuss über das Kernteam bis hin zu den Lieferanten u. Ä. Die letzten beiden Spalten beinhalten den für das jeweilige Arbeitspaket nötigen In- bzw. Output, um inhaltliche Verknüpfungen zwischen den Paketen zu erkennen (Input: Material, Informationen oder sonstiges; Output: Kurzbeschreibung des Arbeitsergebnisses, z. B. ein Design, ein Testbericht, ein Werkstück, ein Gebäudeteil). Dies wird im Hinblick auf den nächsten Planungsschritt, die Zeitplanung (siehe Balkendiagramm, S. 75), relevant.

Nr.	Bezeichnung der Arbeitspakete	Rollen der Aktiven				Input	Output
		LA (Dallas)	PL (Berlin)	Mayer	Fabre (Paris)		
1		I	I	D	M		
2			D	I	M		
3							

D = Durchführen
M = Mitwirken
I = Informieren

Den einzelnen Akiven oder Stakeholdern wird dann einer der folgenden Buchstaben zugeordnet:

■ **D** für eine Person, die die Hauptverantwortung für das Arbeitspaket trägt. Bei Rahmenplänen mit detaillierteren Unter- oder Bereichsplänen können auf der obersten Planungsebene statt Personen an dieser Stelle auch Bereiche genannt sein. Achten Sie aber darauf, dass hinter einer Verantwortung immer eine konkrete Person steht. In vielen Betrieben gilt: Wenn es keine personelle Zuordnung von Verantwortung gibt, gibt es gar keine Verantwortung. Für den Projektleiter handelt es sich in jedem Fall um den Ansprechpartner, wann immer später Fragen zum Fortschritt auftauchen. Daher sollte es pro Arbeitspaket auch immer nur ein D geben.

- M sind alle weiteren an der Bearbeitung des jeweiligen Arbeitspakets beteiligten Personen oder Stellen.

- I sind Informationsempfänger. Wichtig ist: Die Verarbeitung der Informationen wird im nachfolgenden Schritt (der Zeitplanung) nicht als Arbeitszeit des Projekts geplant. Falls der Informationstransfer doch länger als das Lesen einer E-Mail dauern sollte, wird daraus ein eigenes Arbeitspaket, also z. B. eine Teamsitzung, eine Videokonferenz mit dem Kunden u. Ä.

Die international verbreiteten Bezeichnungen:

- R (responsible) entspricht dem deutschen D.

- A (accountable) ist eine Kategorie, die nur in Projekten sinnvoll ist, in denen sehr unterschiedliche Stellen, Abteilungen oder Teams für eine größere Teilaufgabe zuständig sind, d. h., in denen diese Stellen mehr als eine Durchführungsverantwortung besitzen. Allen Akteuren sollte die Bedeutung des Buchstaben klar sein. Leider wird diese zusätzliche Kategorie jedoch häufig eingeführt, um das Fehlen klarer Zuständigkeiten zu kaschieren. So bleibt es vage, wer nun genau was zu verantworten hat und das Chaos erhält einen scheinbar strukturierten Anstrich, ohne das zugrundeliegende Problem zu lösen.

- C (consulted) entspricht dem deutschen M.

- I entspricht dem deutschen I.

Das Problem der vierfachen Unterteilung ist ein häufig sehr unterschiedliches Verständnis der mit den Buchstaben R und A verbundenen Aufgaben bzw. Verantwortlichkeiten. Nur wenn allen Projektbeteiligten die Unterschiede zwischen den beiden Zuordnungen klar sind, funktioniert es. Wo dies nicht gegeben ist, führt es zu weiteren Reibungspunkten. Für die meisten Projekte wäre eine Dreiteilung entsprechend der deutschen Bezeichnungen sinnvoller: Responsible (= D), Support (= M), Information (= I).

Kommunikationsplan

Hierbei handelt es sich um eine operativ sinnvolle Ergänzung zu Ihrer Stakeholder-Analyse. Neben den dort bereits bekannten Informationen, die Sie für die Vorbereitung auf die nächste Begegnung mit Projektmitarbeitern oder Entscheidern, nutzen, enthält der Kommunikationsplan weitere Spalten:

Stake-holder	Bereich	Art der Kommunikation	Häufigkeit	Aufwand	Standard-themen	Offene Punkte	Nächster Termin
A		E-Mail	wöchentlich	15 min.			
B		Status-meetings	monatlich	2 h	Vorstands-gespräch		
C		Video-konferenz	nach Bedarf	1 h			
D		Mittagessen	vor Meilen-steinsitzung	2 h			

In diese tragen Sie Ihre beabsichtigte Kommunikation ein. Sie können Sie differenzieren nach folgenden Punkten:

- Wie häufig wollen Sie mit dem betreffenden Stakeholder kommunizieren?

- In welcher Form möchten Sie kommunizieren (Meeting, Video- oder Telefonkonferenz, Projektblog, Telefonat, E-Mail usw.)?

- Welche technischen Mittel benötigen Sie hierzu – wofür müssen Sie womöglich finanzielle Kosten kalkulieren?

- In welchem Rahmen sollen die Begegnungen mit welchen Personen stattfinden: Immer bei den Sitzungen des Lenkungsausschusses? Oder bei einem Mittagessen, z. B. mit Vorstandsmitgliedern? Oder zu zweit auf dem Golfplatz?

- Bei welcher Gelegenheit und an welchem Ort sehen oder sprechen Sie den Akteur sowieso – und welche Themen sind dann sinnvoll oder angemessen anzusprechen?

- Gibt es Standardthemen, über die Sie sich verständigt hatten und über die Sie sowieso regelmäßig sprechen (Statusberichte, Meilensteinreports, Sitzungen des Finanzausschusses, Jahrestreffen usw.)?

Außerdem sollten Sie zwei weitere Spalten im Verlauf des Projektfortschritts ausfüllen:

- Welche offenen Punkte gibt es, die es beim nächsten Kontakt zu besprechen gilt?
- Wann findet der nächste Kontakt statt – ist er bereits geplant oder ist das noch zu erledigen?

Die hört sich zunächst nach sehr viel bürokratischem Aufwand an. Sie sollten nur soviel Aufwand betreiben, wie Sie brauchen, um den Überblick über Ihre kommunikativen Anforderungen zu bekommen. Zielt ist, dass Sie jederzeit überprüfen können, ob Sie in ausreichendem Maße, mit den richtigen Leuten und in angemessener Form kommunizieren. Bitte denken Sie daran: Ihre Aufgabe als Projektleiter ist es vor allem, den Überblick zu bekommen, zu behalten und gegebenenfalls wieder herzustellen – auch und gerade bei Ihren eigenen Kontakten mit den Stakeholdern Ihres Projekts.

Kosten-Nutzen-Rechnung

Als ein einfaches Schema zur Berechnung des Return on Investment (ROI) gilt das folgende:

Kosten	Nutzen
Einmalige Personalkosten	Eingesparte Personalkosten
+ Einmalige Sachkosten	+ Eingesparte Sachkosten
= Summe Einmalkosten	+ Zusatzerträge
Investitionen	= Bruttopotenzial p.a.
Zusätzliche laufende Kosten	- Summe zusätzliche laufende Kosten
= Summe zusätzliche laufende Kosten	= Nettopotenzial p.a.

$$\frac{\text{Investitionen} + \text{Einmalkosten}}{\text{Nettopotenzial}} = \text{Rückflusszeit (Jahre)}$$

Zunächst werden auf der Kostenseite die Einmalkosten für Personal- und Sachausgaben geschätzt. Hiervon zu trennen sind üblicherweise die Investitionskosten. Allerdings kann die Unterscheidung schwierig sein: Ist der Kauf eines Bürogebäudes in Peking eine Sachausgabe oder eine Investition? Dies hängt u. a. von der weiteren Nutzung, den Kalkulationsvorgaben der Firma oder den Interessen des Projektleiters ab. Hinzu kommen noch die zusätzlichen laufenden Kosten, z. B. für Mitarbeiter oder Lizenzen. Auf der Nutzenseite ergeben sich möglicherweise Zusatzerträge, bestehend aus Einsparungen im Bereich Personal und Sachmittel. Zieht man von diesen die Summe der laufenden Kosten ab, erhält man das Nettopotenzial. Die Rückflusszeit ergibt sich dann aus Investitionen zuzüglich Einmalkosten dividiert durch das Nettopotenzial (zur Formel siehe Grafik oben). Dies ist zweifellos eine wesentliche Größe gerade bei Bauvorhaben, Joint Ventures, Produktionsverlagerungen u.Ä.

Dieses allgemeine Schema ist auch für internationale Projekte anwendbar – jedoch sind ein paar Unterpunkte besonders zu beachten, z. B.:

- Die Berechnung der internationalen Finanzierungskosten ist je nach Land deutlich komplizierter als „zuhause", zumal unter dem Eindruck der Finanzmarktkrise. Geldgeber sind erheblich zögerlicher bzw. die Auflagen sind strenger. Abschreibungsmöglichkeiten im Ausland sind ein Kapitel, zudem Sie u. a. einen Steuerexperten hinzuziehen sollten.

- Außerdem können zusätzliche Sachkosten entstehen, da staatliche Stellen oder andere Entscheidungsträger eine „Zuwendung" erwarten. Diese Art der Umfeldpflege ist in Deutschland und einigen anderen Ländern zwar illegal, wird aber in manchen Geschäftskulturen als Selbstverständlichkeit angesehen. Dort gilt sie nicht als unmoralische Bestechung, sondern als Zeichen der Wertschätzung. Als internationaler Projektleiter stehen Sie vor der Herausforderung, sich den lokalen Gegebenheiten anzupassen, ohne sich strafbar zu machen.

- Auf der Nutzenseite müssen Sie abschätzen, ob Ihre Investition auch langfristig sicher ist: Politische Unruhen, Naturkatastrophen oder Kriege könnten die Rückflusszeit erheblich beeinflussen. Wenn das Patentrecht in Ihrem Partnerland zudem nicht so ernst genommen wird, könnten Sie durch Ihr Engagement einen künftigen Konkurrenten aufbauen.

Matrix-Organisation

Bei der Matrix-Organisation handelt es sich nicht um eine Methode im engeren Sinne. Sie ist vielmehr eine Unternehmensstruktur mit zum Teil weitreichenden Konsequenzen für die Handelnden in den Projekten. Für die meisten internationalen Organisationen gilt, dass sie ihre Projekte in Form einer Matrixorganisation strukturieren: Es werden Mitarbeiter aus unterschiedlichen Abteilungen für eine definierte Zeit oder mit einem Kontingent ihrer Wochen-, Monats- oder Jahresarbeitszeit in ein Projekt abgeordnet. Hierzu bedarf es klarer und manchmal detaillierter Verhandlungen zwischen der Projektleitung und den Abteilungsvorgesetzten.

Der Grund für eine solche Organisationsform ist denkbar einfach: Die alte, rein hierarchische Ordnung nach Abteilungen ist nicht mehr funktional. Die Abstimmungsprozesse dauern gerade in den Betrieben zu lange, deren Branchen sich in den letzten Jahren sehr schnell verändert haben oder die sich selbst sehr stark verändern – sei es aufgrund eigener strategischer Neuausrichtungen, Wandel der Absatzmärkte oder der Produktion, z. B. durch Automatisierung und Globalisierung.

Was als Lösung für strategische Herausforderungen eingeführt wurde, hat aber – wie alle Maßnahmen – Konsequenzen: Verantwortung ist nicht mehr eindeutig einer definierten Stelle zugeordnet und die Notwendigkeit für Absprachen, Verhandlungen, Konfliktaustragung, also Kommunikation, steigt massiv. In der hierarchischen Ordnung entscheidet der disziplinarische Vorgesetzte in letzter Instanz über die Arbeitsinhalte eines Mitarbeiters. In Projekten sind hierfür meist immer noch die Vorgesetzten in den Abteilungen zuständig. Dies können sie aber nicht mehr allein, da sie sich in einem Geflecht von Abhängigkeiten bewegen, zu denen auch die Fachvorgesetzten in den Projekten gehören.

Projektarbeitsplan (PAP)

Der Projektarbeitsplan ist das zentrale Instrument zur sachlich-fachlichen Planung und Steuerung eines Projekts. Er umfasst alle relevanten Angaben zu den Meilensteinen, den Arbeitspaketen, den Zuständigkeiten, Personen- und den Kalendertagen. Es beantwortet die wesentlichen Planungsfragen: Was? – Wer? – Wann? Im Verlauf der Projektumsetzung bietet der PAP die Basis für:

- den Vergleich zwischen IST- und SOLL-Werten bei Meilensteinen und Arbeitspaketen, also dem Grad der Zielerreichung;
- die Abschätzung der weiteren Entwicklung im Hinblick auf die Ziel- und Zeitplanung.

Der PAP besteht aus den nachfolgend beschriebenen Einzelplänen.

Projektstrukturplan (PSP)

Dieser Teil des PAP beschreibt das „Was", also die Meilensteine und Arbeitspakete in logischer Ordnung. Wenn Sie diesen Plan aufstellen, sollten Sie sich noch keine Gedanken über den Zeitaufwand machen – zwei Schritte gleichzeitig zu tun, führt meist eher dazu, hinzufallen als voranzukommen.

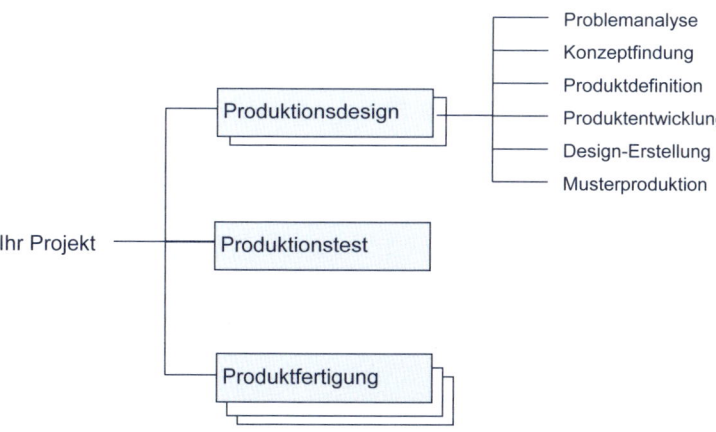

Projektstrukturplan

Auf der ersten Differenzierungsebene (grau hinterlegt) finden sich die logischen Schritte des Projekts. Die zweite Ebene sind die Meilensteine. Die (nicht dargestellten) weiteren Ebenen 3-x sind die Arbeitspakete, die so detailliert sein sollten, dass Sie zu einem späteren Zeitpunkt ohne Probleme den benötigten Zeitaufwand planen können. Mehr Details wären eine Verschwendung von Planungsaufwand – weniger würde für Sie bedeuten, dass Sie später das nacharbeiten müssen, was Sie jetzt einsparen. Wichtig ist, dass die Meilensteine und Arbeitspakete in ihrer logischen Reihenfolge erarbeitet werden – die zeitliche Reihenfolge interessiert an dieser Stelle noch nicht. Auch wenn manche erfahrenen Projektleiter die Schrittfolge „Was – Wer – Wann" scheinbar in einem Aufwasch erledigen, ist von einem solchen Springen zwischen den Ebenen dringend abzuraten. Der scheinbare schnelle Projektfortschritt wird mit unnötigen Planungsschleifen im weiteren Verlauf bezahlt. Unterm Strich wird es dann meist aufwändiger als erwartet.

Bitte denken Sie bei der Erarbeitung des PSP daran, dass dies eine, wenn nicht sogar *die* zentrale Planungsaufgabe des gesamten Projekts ist. Sie legen die Grundlagen für alle weiteren Planungs- und Steuerungsmaßnahmen. Arbeiten Sie also ruhig in Schleifen: Erstentwurf – Feedback von Sponsoren und / oder dem Expertenteam – Überarbeitung.

Wenn Sie ein sehr komplexes Projekt mit Unterteams leiten – möglicherweise bestehend aus unterschiedlichen Gewerken – , sollten Sie das Gegenstromverfahren erwägen. Üblicherweise erfolgt die Projektplanung top-down, d. h., Sie als Projektleiter planen, stimmen dies soweit nötig mit dem Lenkungsausschuss ab und geben diesen Plan dann an das Team. Bei sehr komplexen Projekten und wenn die Durchführung vom Einsatz hochspezialisierter Experten abhängt, können Sie die Detailplanung fachlich gar nicht beurteilen. Daher ist es Ihre Aufgabe, eine Rahmenplanung zu erstellen, die dann von den Unterprojekten ausgefüllt wird. Nach einer Planungsrunde der Unterprojekte benötigen Sie wahrscheinlich (mindestens) eine Runde zur Feinjustierung und Koordination zwischen den unterschiedlichen Bereichen.

Hüten Sie sich vor Fertiglisten. Ihr Projekt ist speziell und keine Konfektionsware. Auch ist ohne Kenntnis des genauen Projektauftrags nicht zu entscheiden, welcher Differenzierungsgrad der angemessene ist, d. h., wie kleinteilig Ihr Arbeitsplan sein sollte. Sie müssen sich sicher sein, dass Sie im Verlauf des Projekts jederzeit in der Lage sind zu erkennen, welches Arbeitspaket gerade in Bearbeitung sein sollte, um dann zu vergleichen, ob das tatsächlich der Fall ist.

Risikomatrix

Die Erstellung einer Risikomatrix ist denkbar einfach:

Risiko-beschreibung	Eintritts-bedingungen	Wahrschein-lichkeit	Konse-quenzen	Schadens-ausmaß	Risikofaktor	Maß-nahmen	Zustän-digkeit
		1 / 4 / 7 oder 10		1 / 4 / 7 oder 10	Produkt aus Wahrschein-lichkeit und Schadensmaß		

Die Vertikale: Zunächst bearbeiten Sie die Vertikale. Sie sammeln im Rahmen eines Brainstormings Ideen über mögliche Risiken. Sie können zudem auf Listen zurückgreifen, die Sie bei Ihrer Beschäftigung mit den Kundenwünschen und deren Erwartungen notiert haben (vgl. KANO-Modell auf S. 38). Die Liste möglicher „Risikoideen" sollten Sie nie alleine erstellen, weil

- Sie eventuell nicht alle fachlichen Aspekte überblicken können,
- Sie den Input anderer Gewerke benötigen,
- Sie die relevanten Stakeholder und Entscheider in den Arbeitsprozess einbeziehen wollen,
- andere Beteiligte über mehr oder andersartige Erfahrungen verfügen,
- verschiedene Personen in der Regel auf mehrere und bessere Ideen kommen (d. h., sie haben längere Assoziationsketten).

Allerdings heißt dies nicht, dass Sie die Listen grundsätzlich im Rahmen einer Teamsitzung besprechen. Hier sollten Sie die unterschiedlichen Arbeitskulturen berücksichtigen: Bei Ländern mit einer hohen Machtdistanz, in denen die hierarchischen Unterschiede sehr ausgeprägt sind, wird ein hierarchieübergreifendes Gespräch erst gar nicht in Gang kommen (z. B. in Japan). Wenn Sie mit diesen Kulturen arbeiten, ist es sinnvoller, Sie lassen die Experten diese Diskussion alleine führen und lassen sich eine Risikomatrix von dort präsentieren. Ergänzen Sie die Aufstellung dann um eigene Ideen.

Die Horizontale: In der zweiten Spalte Ihrer Tabelle beschreiben Sie für jedes der identifizierten Risiken eine oder mehrere Bedingungen die – wenn sie erfüllt sind – zur Realisierung des Risikos im Projekt führen werden. So identifizieren Sie die sachlichen und menschlichen Ursachen. Die anschließend einzuschätzende Wahrscheinlichkeit des Risikoeintritts bewerten Sie mit den Ziffern +1 (nahezu unwahrscheinlich), 4 (geringe Wahrscheinlichkeit), 7 (hohe Wahrscheinlichkeit) und 10, d. h., das Eintreten des Risikos ist nahezu sicher.

Die Spalte „Konsequenzen" beinhaltet Ihre Ideen über die Folgen des jeweiligen Risikos für Ihr Projekt, vor allem für das so genannte magische Dreieck, Kosten, Zeit und Qualität, aber auch für die Technik, das Image der Firma usw. Es geht hier nicht um Konsequenzen für Ihr Handeln (das sind vielmehr die Gegenmaßnahmen in Spalte 7) sondern um eine gründliche Einschätzung des Risikoeffekts. Das anschließende Schadensausmaß bewerten Sie wiederum mit Ziffern: +1 (unbedeutender Schaden), 4 (geringer Schaden), 7 (hoher Schaden) und 10 für einen hochkritischen Schaden.

Durch eine simple Multiplikation der Wahrscheinlichkeit und des Schadensausmaßes ergibt sich der Risikofaktor, der Ihnen hilft, Prioritäten zu setzen. Insbesondere für die Hochrisiken müssen Sie Maßnahmen planen (Spalte 7) und durchführen, die das Risiko entweder verhindern sollen (präventive Vorsorge) oder im Fall der Fälle für schnelles Handeln sorgen (reaktive Schadensvorsorge). In jedem Fall sollten Sie bereits in der Planungsphase Verantwortlichkeiten benennen – die Praxis zeigt leider allzu oft, dass die besten Maßnahmen in der Theorie stecken bleiben, weil sich niemand verantwortlich fühlt.

3 Internationale Projekte durchführen

Der Auftrag ist geklärt, die Budgets abgestimmt, das internationale Team ist zusammengestellt, die Projektorganisation steht und die Projektpläne sind erstellt. Nun kann es eigentlich losgehen. Jetzt ist entscheidend, dass das Team schnell arbeitsfähig wird:

- Das Projekt muss ins Rollen kommen. Es zeigt sich jetzt, ob die vereinbarten Kommunikationswege und -medien wirklich brauchbar für die Arbeit im Projektteam sind. Hier ist gerade zu Beginn der Projektarbeit mit Reibungsverlusten zu rechnen.

- Die Aufgaben sollten klar verteilt sein. Gerade zur Startphase eines Projekts kann es vorkommen, dass bestimmte Tätigkeiten doppelt, manche gar nicht ausgeführt werden.

- Die zu erreichenden Meilensteine sind eine wichtige Vorgabe zur Terminierung im Projekt. Eine Herausforderung für den Projektleiter ist die Kontrolle und Steuerung der Termine und des Budgets.

- Zusätzliche Schwierigkeiten, vor denen Leiter von internationalen Projekten in der Phase der Durchführung stehen, basieren oft auf den interkulturellen Unterschieden der Kommunikation sowie der Fehler- bzw. Qualitätskultur und natürlich auf der räumlichen Distanz.

Im folgenden Kapitel lesen Sie, wie Sie all diese Herausforderungen meistern können.

Reibungsverluste vorprogrammiert?
Was Sie dagegen tun können

Frank Janning leitet sein erstes internationales Projekt. Er arbeitet für eine Baufirma, die von Deutschland aus Projekte in Osteuropa steuert. Bei diesem Projekt handelt es sich um den Neubau eines Bürogebäudes in Bukarest. In Zusammenarbeit mit der rumänischen Tochterfirma vor Ort koordiniert er vom Rheinland aus das Projekt. Im Kick-Off-Meeting vor vier Wochen hat Frank Janning in Bukarest mit dem Projektteam die notwendigen Dinge besprochen, die gegenseitigen Erwartungen geklärt und Absprachen für die Kommunikation im Projektteam aufgestellt. Die rumänische Tochterfirma hat in Bukarest selbst neue Räumlichkeiten bezogen.

Im Meeting stellte sich heraus, dass es Probleme mit der Einrichtung des Projektbüros gibt. Es ist ihm allerdings vom Projektkoordinator vor Ort zugesichert worden, die Dinge schnellstens zu regeln. Gerade hat Janning einen Telefonanruf aus Bukarest erhalten: Das neue Projektbüro verfügt noch immer nicht über die nötige Infrastruktur und auch die Lieferung von Laptops für das Projektteam steht noch aus.

Daneben ist ihm aufgefallen, dass die ersten Statusberichte „geschönt" erscheinen und nicht auf die ersten Verzögerungen hinweisen. Ihm schwant Böses: Bevor es richtig losgeht, treten schon Schwierigkeiten auf. Der Terminplan lässt aber keine Verzögerungen zu. Er befürchtet, wenn er das Projekt nicht von Beginn an professionell managt, Stress mit seinem Vorgesetzten zu bekommen. Der fragt auch schon täglich nach, was denn das Problemkind Bukarest mache. Wie soll Janning jetzt reagieren?

Wege zur Lösung

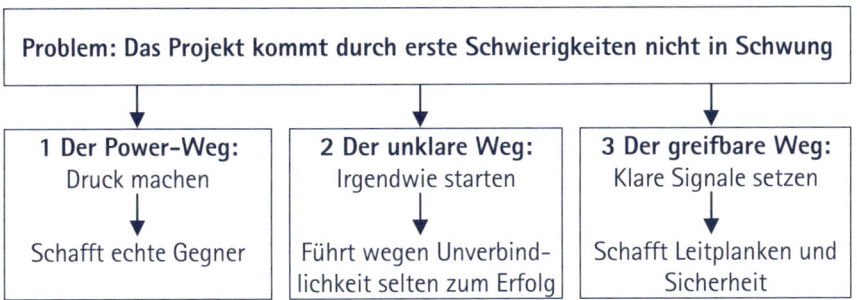

1 Der Power-Weg: Druck machen	2 Der unklare Weg: Irgendwie starten	3 Der greifbare Weg: Klare Signale setzen
Schafft echte Gegner	Führt wegen Unverbind- lichkeit selten zum Erfolg	Schafft Leitplanken und Sicherheit

Problem: Das Projekt kommt durch erste Schwierigkeiten nicht in Schwung

1 Der Power-Weg: Druck machen

Die Gefahr ist groß, dass Sie als Projektleiter in der Startphase des Projekts unter Druck geraten. Das Projektteam muss sich in der Zusammenarbeit noch finden, Verzögerungen bei der Einrichtung der Infrastruktur sind im Ausland keine Seltenheit und das Team muss sich erst auf Ihre Erwartungen als Projektleiter einspielen. Dazu kommt noch die besondere Dynamik, die sich ergibt, wenn es sich um Ihr erstes Projekt handelt und Sie von den Kollegen beäugt werden. Das alles kann dazu führen, dass Sie den Druck ungebremst an Ihre Projektmitarbeiter weitergeben. Sie könnten z. B. die hierarchische Machtkarte ziehen und

- den verantwortlichen Projektkoordinator in einer scharf formulierten E-Mail auf die nicht eingehaltenen Vereinbarungen und die daraus erwachsenden Konsequenzen hinweisen,

- über Ihren Vorgesetzten die Geschäftsleitung der Tochterfirma vor Ort auf die Schwierigkeiten und mögliche Gefahren, die aufgrund der Verzögerung auftreten können, aufmerksam machen,

- schnellstens nach Bukarest fliegen, um in einem kurzfristig einberufenen Meeting den Mitarbeiter des Projektteams erneut „einzuordnen" und im Meeting zu erwähnen, wie enttäuscht Sie doch von den ersten vier Wochen im Projekt und von der Arbeit des Projektkoordinators sind.

Das Risiko dieses Weges liegt auf der Hand: Haben Sie sich Ihr Projektteam und Ihre Ansprechpartner vor Ort erst einmal zu Gegnern gemacht, ist es schwierig für Sie, das Team motivierend zu steuern. Ebenso verhält es sich mit den Schlüsselpersonen, wie z. B. der lokalen Geschäftsleitung oder dem Leiter IT vor Ort. Im Laufe des Projekts, so die Erfahrung, können Ihnen diese Schlüsselpersonen oft „auf dem kleinen Dienstweg" dabei helfen, Hürden zu überwinden, verscherzen Sie es sich deshalb nicht mit diesen.

 CONTRA

Termine: Selbst wenn die Einhaltung erster Termine gefährdet ist: Durch Druck entsteht meistens nur Gegendruck. „Bleibt als Handwerkszeug nur der Hammer, wird jedes Problem zum Nagel", so eine alte Weisheit.

Qualität: Sind die Projektmitarbeiter durch Ihr autoritäres Auftreten verunsichert, erhöht sich die Gefahr, dass vor lauter Angst die Aufgaben nicht qualitativ hochwertig bearbeitet werden.

Karriere: Wenn Sie als Projektleiter erst mal den Ruf eines harten Hundes weghaben, wird es schwer, Vertrauen zu den Projektmitarbeitern aufzubauen. Das könnte am Ende Ihren Projekterfolg und damit die eigene Empfehlung für weiterführende Tätigkeiten gefährden.

Fazit: Wann dieser Weg Erfolg verspricht

Natürlich lastet auf Ihnen als Projektleiter eine große Verantwortung für die erfolgreiche Realisierung des Projekts. Projektleiter sein heißt manchmal, eine gewisse Feuerwehrfunktion einzunehmen, also einzugreifen, wenn es im Projekt brennt. Aber auch dann ist zu überlegen, ob es immer das „C-Rohr" – ein Rohr, durch das Wasser mit einem sehr starken Druck fließt – sein muss, oder ob es nicht hilfreicher ist, dem Team zu erklären, wie man Brände löscht. Druck und Autorität sind wirklich nur im äußersten Notfall und bei höchster Gefährdung des Projekterfolges ein Ausnahmeweg.

2 Der unklare Weg: Irgendwie starten

Wenn Sie Ihr erstes Projekt leiten, stellt sich natürlich die Frage: Wie viel direkte Steuerung von Ihrer Seite und wie viel „laufen lassen" ist richtig? Wie füllen Sie das Spannungsfeld zwischen Laisser-faire und totaler Steuerung aus? In der Startphase des Projekts bildet sich auch „die Kultur" Ihres Projekts:

- Wie bezieht der Projektleiter das Team in den Lösungsweg mit ein?
- Wie groß ist das Vertrauen des Projektleiters in den Projektkoordinator bzw. das Team vor Ort?
- Wie verbindlich sind die Vereinbarungen aus dem Kick-Off-Meeting?
- Wie verhält sich der Projektleiter bei negativen Entwicklungen?
- Wie geht der Projektleiter mit Terminverzögerungen um?

Lassen Sie das Projekt trotz der Schwierigkeiten erst einmal laufen, stellt sich sehr schnell die Frage nach Ihrer Rolle als Projektleiter. Schließlich erwartet man von Ihnen eine nach außen sichtbare Steuerung und Lenkung des Projekts. Daneben kann ein zu starkes „Es wird sich schon richten" seitens des Projektleiters im Projekt dazu führen, dass Vorgaben oder Vereinbarungen als unverbindlich angesehen werden. Aufgrund der nicht vorhandenen Infrastruktur im Szenario kann es z. B. passieren, dass das Projekt schleppend und diffus anläuft mit der Gefahr, dass in dieser frühen Phase schon Verzögerungen auftreten, die nicht mehr einzuholen sind. Bekommt Ihr Koordinator vor Ort die Probleme nicht behoben, so benötigt er offensichtlich Unterstützung.

Auch brauchen Sie, je weiter Sie räumlich oder geographisch vom Projektteam entfernt sind, jederzeit einen realistischen Stand des Projekts. „Geschönt" ausgefüllte Statusberichte / Reports (siehe Tools auf S. 125) geben ein falsches Bild des tatsächlichen Projektstandes wider. Das hat dann fatale Folgen für Sie als Projektleiter, denn letztendlich sind Sie verantwortlich für die Erreichung des Projektziels. Damit wird deutlich, dass ein Laisser-faire Ihrerseits zu einem großen Maß an Unverbindlichkeit führt. Erfolgreiche Projekte zeichnen sich allerdings durch ein großes Maß an Verbindlichkeit aus.

3

VORSICHT BOMBE!

Statusberichte / Reports schaffen Transparenz über den Ablauf des Projekts und geben Ihnen frühzeitige Hinweise auf mögliche Abweichungen im Projektverlauf. Allerdings herrschen in anderen Kulturen unterschiedliche Auffassungen über den Umgang mit „negativen" Entwicklungen. Risiken und Schwierigkeiten werden zum Teil verschwiegen oder es wird davon ausgegangen, dass Sie als Projektleiter Informationen aktiv einfordern müssen. Auch werden die Statusberichte schon mal als lästiger Papierkram angesehen.

So entschärfen Sie die Bombe

1 Machen Sie im Kick-Off-Meeting transparent, welchen Nutzen jedes Teammitglied von den Statusberichten hat.

2 Legen Sie Ihre Erwartungen an die Statusberichte offen und vereinbaren Sie mit den Teammitgliedern klare Vorgehensweisen im Umgang diesen.

3 Geben Sie positive Rückmeldung über die erstellten Statusberichte und haken Sie direkt nach, wenn diese nicht Ihren Erwartungen entsprechen.

 CONTRA

Termine: Das Besondere an Terminen ist nun mal deren Verbindlichkeit; greifen Sie bei absehbaren Verzögerungen nicht ein, kann sich das nur zu Ihrem Nachteil entwickeln.

Kosten: Jede Verzögerung kostet Geld. Auch unter diesem Gesichtspunkt bringt Sie ein „laufen lassen" nicht weiter.

Karriere: Sie sind Führungskraft im Projekt. Zu Ihren Aufgaben gehört es daher, in unklaren und schwierigen Situationen einzugreifen. Über die Art und Weise lässt sich diskutieren – werden Sie auf jeden Fall sichtbar, sonst war es Ihr letztes Projekt als Projektleiter.

Fazit: Wann dieser Weg Erfolg verspricht

Der Glaube an das Gute im Menschen und die Selbstregulierungskräfte der Natur ehrt Sie – bringt Sie allerdings nicht zum Ziel. Daher ist von diesem Weg – in der Startphase eines Projekts – immer abzuraten.

3 Der greifbare Weg: Klare Signale setzen

Wenn Sie in der Anfangsphase des Projekts mit organisatorischen und qualitativen Problemen konfrontiert werden, müssen Sie in jedem Fall handeln. Werden Sie als Projektleiter greifbar und sichtbar. Richten Sie Ihre Vorgehensweise an zwei Dimensionen aus: Wertschätzend in der Person und konsequent in der Sache. Denn nur dann gelingt es, dem Gesprächspartner deutlich die eigene Position zu vermitteln und gleichzeitig die nötige Wertschätzung entgegenzubringen. Insbesondere wenn letzteres in der Kommunikation fehlt, kann es zur Verhärtung der Verhandlungspositionen zwischen den Partnern kommen.

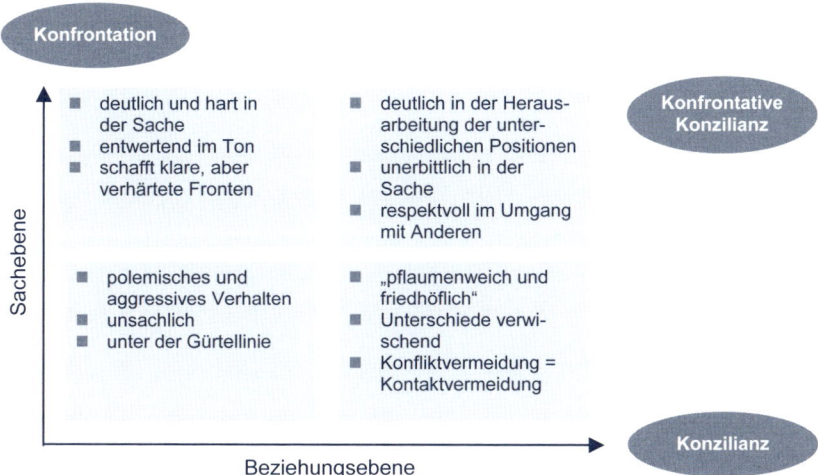

Kommunikationsstile
(in Anlehnung an Friedemann Schulz von Thun)

Das bedeutet, dass Verzögerungen, die durch Störungen von außen verursacht werden, unverzüglich und konsequent zu regulieren sind. Ist Gefahr im Verzug, sollten Sie sich als Projektleiter direkt in die Lösung des Problems einschalten. Achten Sie allerdings immer auf den Ton, den Sie anschlagen, und zeigen Sie Wertschätzung den Kollegen gegenüber. Achten Sie auch darauf, dass Sie die Projektkoordinatoren vor Ort in Ihre Vorgehensweise einbinden. Fragen Sie sie aktiv nach ihrer Meinung oder ihren Vorschlägen, denn sie kennen in der Regel die Gegebenheiten besser als Sie.

Gerade in internationalen Kontexten kann ein zu starkes Auftreten leicht missverstanden werden. Schon sind Sie in der Vorurteilsecke des typischen Deutschen. Machen Sie also immer deutlich, was Sie erwarten und sprechen Sie die Dinge unverzüglich an. Achten Sie aber, unabhängig davon, ob die erforderlichen Laptops nicht bereitgestellt werden oder die Reports nicht Ihren Erwartungen entsprechen, darauf, dass Ihr Gesprächspartner nicht das Gefühl hat, als Verlierer aus dem Gespräch zu gehen. So positionieren Sie sich als jemand, der konsequent die Dinge verfolgt, aber Wert auf tragfähige Arbeitsbeziehungen legt. Es wird deutlich, dass Sie das Projekt steuern, und die Projektmitglieder können gleichzeitig Vertrauen zu Ihnen aufbauen.

 PRO

Termine und Kosten: Je schneller Sie als Projektleiter auf Abweichungen reagieren, um so größer ist die Chance, dass Terminabweichungen aufgefangen und dadurch zusätzliche Kosten vermieden werden.

Qualität: Wenn Sie versuchen, konsequentes und wertschätzendes Vorgehen miteinander zu verbinden, weiß alle Projektmitglieder jederzeit, woran sie bei Ihnen sind, andererseits bauen Sie durch Ihre Wertschätzung Vertrauen auf. Das von Ihnen geschaffene Klima wirkt sich in den meisten Fällen positiv auf die Qualität aus.

Karriere: Durch das Setzen klarer Signale werden Sie als Projektleiter sichtbar. Es wird deutlich, dass Sie sowohl die Sachaufgaben als auch die Mitarbeiter im Auge behalten. Wird das Projekt ein Erfolg, kann sich das nur positiv auf Ihre weitere Laufbahn auswirken.

 CONTRA

Karriere: Es kann Situationen geben, in denen Ihr Vorgesetzter oder ein Stakeholder erwartet, dass Sie kräftig mit der Faust auf den Tisch hauen und Dinge mit Druck durchsetzen. Hier benötigen Sie die Geduld und Gelassenheit, sich nicht auf diesen kurzfristigen Weg des scheinbaren Erfolges einzulassen.

Fazit: Wann dieser Weg Erfolg verspricht

Grundsätzlich sollte es stets das Mittel der Wahl sein, Konsequenz und Wertschätzung miteinander zu verbinden. Der greifbare Weg empfiehlt sich also immer. Die Projektmitarbeiter werden Sie in Ihrer Leitungsrolle schätzen, und Verbindlichkeit sorgt für starke Orientierung. Je nach Situation im Projekt kann es schon mal sein, dass es Situationen gibt, in denen Sie mehr Energie auf die „Konsequenz" legen sollten, aber auch Situationen, in denen die „Wertschätzung" mehr im Vordergrund steht.

Unser Weg: Gespräche vor Ort – so sind wir vorgegangen

Frank Janning hat – nach telefonischer Absprache mit dem Projektkoordinator vor Ort – direkt Kontakt zur IT-Abteilung aufgenommen und sich persönlich für die Lieferung der Laptops eingesetzt. Dann hat er kurzfristig einen Termin in Bukarest mit seinem Team vereinbart. Anhand der ersten Reports / Statusberichte stellte Frank Janning die Wichtigkeit der „ungeschönten" Darstellung des Projektstandes heraus und erläuterte seine Erwartungen. Er verband dies mit einem Erfahrungsaustausch der Projektteammitglieder aus den ersten Wochen der Projektarbeit, um ein paar kleine Änderungen zu vereinbaren. Den Termin nutzte Frank Janning außerdem, um sich beim Leiter der Organisationsabteilung in Bukarest vorzustellen. Bei einem gemeinsamen Mittagessen überzeugte er diesen schließlich von seinen Anforderungen an das Projektbüro. Gut eine Woche später war das Projektteam arbeitsfähig.

KLARTEXT: WAS SIE GEGEN REIBUNGSVERLUSTE TUN KÖNNEN

1 Der Start des Projekts muss für alle klar und deutlich sein.
2 Zuviel Druck Ihrerseits führt zur Verunsicherung oder erzeugt Gegendruck.
3 Seien Sie wertschätzend im Umgang mit den beteiligten Personen, aber konsequent in der Sache.
4 Machen Sie erste Projekterfolge transparent im Team – das erhöht die Motivation der Mitarbeiter.

Weltweit Abstimmungen und Entscheidungen organisieren

 DAS SZENARIO

Wolfgang Meier arbeitet für eine Firma, die sich auf die Nutzung von Windenergie spezialisiert hat und Projekte von der Planung über ökologische Gutachten bis hin zur Aufstellung der Windräder realisiert. Sein erstes internationales Projekt besteht darin, für einen südafrikanischen Stromkonzern (Auftraggeber) die Entwicklung eines Windparks an der südafrikanischen Küste zu übernehmen. Dabei arbeitet sein Unternehmen mit zwei südafrikanischen Firmen, die die Endmontage der Windräder übernehmen sollen, und einem südafrikanischen Ingenieurbüro zusammen. In der Startphase des Projekts kam es immer wieder zu Abstimmungsschwierigkeiten bzw. Reibungsverlusten an Schnittstellen und gegenseitigen Schuldzuweisungen zwischen den Beteiligten. Wolfgang Meier ist schon zweimal spontan nach Kapstadt geflogen, um die Dinge „glatt zu ziehen".

Seit gut einer Woche wartet er auf das Ergebnis eines Gesprächs zwischen dem Ingenieurbüro und dem Umweltministerium. Heute erhält er eine lapidare E-Mail, dass man den Termin abgesagt hätte, da man immer noch auf die endgültigen Briefingunterlagen des südafrikanischen Stromkonzerns warte. Wolfgang Meier steckt nun in der Klemme, da die Einzelteile der Windanlagen in Hamburg verschifft werden müssen, damit diese Südafrika rechtzeitig erreichen und die Firmen mit der Installation beginnen können. Für die Verschiffung benötigt er aber die Genehmigung des Umweltministeriums. Was soll er tun?

Wege zur Lösung

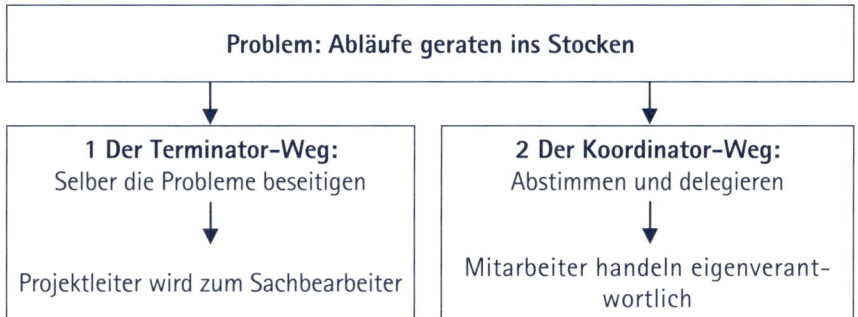

Problem: Abläufe geraten ins Stocken

1 Der Terminator-Weg:
Selber die Probleme beseitigen

Projektleiter wird zum Sachbearbeiter

2 Der Koordinator-Weg:
Abstimmen und delegieren

Mitarbeiter handeln eigenverant-
wortlich

1 Der Terminator-Weg: Selber die Probleme beseitigen

Alles war so schön besprochen in der letzten Videokonferenz, und die Abläufe schienen klar definiert. Und trotzdem geraten die Dinge ins Stocken, weil einer dem anderen die Schuld in Schuhe schiebt. Sie geraten durch absehbare Terminverzögerungen unter Druck und falls nichts passiert, fallen unter Umständen Konventionalstrafen an. Hier ist eindeutig Gefahr im Verzug.

Sie können nun selber einsteigen und

- den Schriftverkehr mit den involvierten Stellen in die Hand nehmen,
- Telefonate mit den am Projekt Beteiligten führen oder / und
- erneut nach Kapstadt fliegen, um die nötigen Gespräche vor Ort selber zu führen.

Das kostet Sie eine Menge Zeit und Geld. Und wofür brauchen Sie dann letztlich das Projektteam? Das Projektteam wird sich schnell daran gewöhnen, dass Sie als Feuerwehrmann allzeit parat stehen, von Deutschland aus die Dinge regeln oder sogar selber vorbeikommen, um die Gespräche zu führen. Je tiefer Sie in die operative Durchführung des Projekts einsteigen, desto weniger Zeit bleibt Ihnen für Ihre eigentliche Aufgabe: Das Steuern des Projekts. Und je stärker die Projektteammitglieder noch in weitergehende, operative Aufgaben eingebunden sind, desto dankbarer werden sie Ihre Unterstützung annehmen.

PRO

Termine: Manchmal ist es hilfreich, sinnvoll und der einzige Weg, dass Sie durch Ihre Anwesenheit als Projektleiter ins Stocken geratene Dinge wieder ins Rollen bringen. Dies verleiht den Dingen oft erst den richtigen Nachdruck.

 CONTRA

Kosten: Wenn Sie sich zu stark in die Projektaufgaben hineinhängen, verursachen Sie oft zusätzliche Kosten, zum Beispiel für Reisen. Und schließlich haben Sie Ihr Projektteam so kompetent zusammengesetzt, dass die Aufgaben gemäß den vereinbarten Arbeitspaketen abgearbeitet werden können.

Karriere: Delegieren und steuern sowie schnelle Lösungen für unvorhergesehene Schwierigkeiten entwickeln – das sind Kernkompetenzen eines Projektleiters. Sie haben kaum Zeit, diese zu zeigen, wenn Sie sich auch noch um alles andere persönlich kümmern.

Fazit: Wann dieser Weg Erfolg verspricht

Bevor Sie sich selbst in definierte Aufgaben und Zuständigkeiten hineinhängen, sollten Sie sich genau überlegen, ob dies ratsam und notwendig ist. Es gibt Situationen, in denen es sinnvoll ist, dass Sie selbst Flagge zeigen. So z. B., wenn wirklich nur Sie – aufgrund Ihrer Rolle oder Kompetenz – die Probleme aus dem Weg schaffen können. Auf der anderen Seite schwächen Sie dadurch die Rolle Ihrer Projektteammitglieder: Optimalerweise haben Sie sie bewusst ausgewählt und mit der Durchführung einzelner Arbeitspakete betraut. Wenn Sie schon die Dinge in die Hand nehmen müssen, sprechen Sie sich mit dem eigentlich verantwortlichen Mitarbeiter im Projekt ab. Klären Sie bei anstehenden Gesprächen mit Dritten die Rollen und positionieren Sie Ihren Mitarbeiter als den für diesen Teilschritt Verantwortlichen. Es kann hilfreich sein, dass Sie als Projektleiter in stockenden Phasen einmal bewusst wahrgenommen wurden. Ihr Experte im Projekt kann und wird die notwendigen Dinge leichter koordinieren können. Machen Sie sich dann wieder rar.

2 Der Koordinator-Weg: Abstimmen und delegieren

Können Sie die Grundannahme bestätigen, dass Sie Ihr Team aus fähigen Mitarbeitern besteht, die in der Lage sind, die Tätigkeiten der definierten Arbeitspakete umzusetzen? Falls Ihre Antwort Nein lautet, kann es sein, dass Sie in kritischen Situationen bewusst den Terminator-Weg gehen müssen, damit das Projekt nicht ins Stocken gerät. Falls die Antwort Ja ist, dann haben Sie ein gutes Fundament. Jetzt gilt der Blick den Strukturen und dem, was zwischen den Zeilen passiert.

Die eine Seite verlässt sich auf die andere – und nichts passiert, weil alle warten. Schnittstellen im Projekt sind die Abstimmungsnotwendigkeiten mit Personen, Firmen, Organisationen außerhalb des Projektteams oder auch EDV-Systemen. Manchmal betrifft die Schnittstelle zwei Prozessschritte, die abhängig voneinander sind. So soll z B. im Szenario das Gespräch mit dem Ministerium erst nach Erhalt der nötigen Informationen (Briefing) stattfinden. Schnittstellen können aber auch zwei parallel ablaufende Projektschritte betreffen. So z. B. im Szenario: Zum laufenden Genehmigungsverfahren des Umweltministeriums könnten parallel weitere geologische Gutachten erstellt werden, die ergeben, welches die geeigneten Standorte für weitere Windräder sind. Hier ist eine enge Abstimmung der Projektzwischenergebnisse nötig, da diese sich gegenseitig beeinflussen können. Diese parallele oder gleichzeitige Entwicklung wird auch als „Simultaneous Engineering" bezeichnet.

Was können Sie als Projektleiter nun tun, um die Ursachen der Probleme zu analysieren? Stellen Sie sich folgende Fragen:

- Wie kam bzw. kommt es genau zu den Abstimmungsproblemen?
- Sind die Aufgaben klar definiert?
- Sind die Mitarbeiter tatsächlich in der Lage, die beschriebenen Aufgaben zu lösen?
- Benötigen die Mitarbeiter Qualifizierungsmaßnahmen in bestimmten Feldern?
- Spielen kulturelle Aspekte eine besondere Rolle?
- Liegt es an persönlichen Eitelkeiten der beteiligten Mitarbeiter?

Ziehen Sie zur Analyse der Fakten den Projektstrukturplan (siehe Tool auf S. 83) zu Hilfe und checken Sie, ob von der sachlichen Seite her die Dinge klar definiert sind oder ob vielleicht im Eifer des Gefechtes Dinge übersehen wurden. Vielleicht liegen die Gründe für die Abstimmungsschwierigkeiten – wenn Sie sich das Eisbergmodell (siehe auch das gleichnamige Tool auf S. 120) vor Augen halten – unter der Wasseroberfläche:

- Spielen vielleicht kulturelle Gründe eine Rolle für die Abstimmungsschwierigkeiten?

- Welche Nationalitäten stehen sich im Projekt als Verhandlungspartner gegenüber? Gibt es kulturtypische Verhaltensweisen, die in der Projektarbeit offensichtlich zu Tage treten? (siehe Kultur-Analyse, S. 31, und Kultur-Check, S. 40)

- Gibt es zum Projekt eine Vorgeschichte, die noch in die aktuelle Projektarbeit hineinwirkt?

Haben Sie die Gründe erkannt, setzen Sie als Projektleiter kurzfristig ein Meeting mit dem Projektteam bzw. ausgewählten Mitarbeitern an. Optimal ist ein persönliches Treffen. Bei großer Entfernung bietet sich auch eine Videokonferenz an. Erstellen Sie vor dem Meeting eine Agenda und versenden Sie diese an die Teilnehmer.

Thematisieren Sie in dem Meeting Schwierigkeiten, auf die sich das Projekt gerade zubewegt. Erfragen Sie die Sichtweisen der Beteiligten. Dabei spielen sowohl Sach- als auch Aspekte des Miteinanders eine Rolle:

- Was hat die Schwierigkeiten verursacht?

- Wo kommt es zu Reibungsverlusten?

- Welche Aufgaben / Schnittstellen sind unklar definiert?

- Was muss neu vereinbart werden?

Hüten Sie sich vor Schuldzuweisungen, blicken Sie nach vorne und klären Sie mit den Beteiligten erneut die Aufgaben. Treffen Sie am Ende des Meetings klare Vereinbarungen und halten Sie fest, welche Aufgaben Sie wie und an wen delegieren. Vereinbaren Sie im Meeting eine Eskalationskommunikation, die von allen Mitgliedern des Projektteams mitgetragen wird. Finden Sie einen Kompromiss zwischen Ihren Anforderungen und den landestypischen Kommunikationsformen. Ein schriftliches Protokoll des Meetings erhöht die Verbindlichkeit der Vereinbarungen.

Eine klare Definition der Aufgabenpakete gibt einen transparenten Überblick über die einzelnen Schritte im Projekt. Dennoch kann es sein, dass die Schnittstellen zu Bruchstellen im Projekt werden, da die Verantwortlichkeiten im Detail nicht sauber geklärt sind und Eskalationsschritte nicht festgelegt wurden. Eskalationsmechanismen müssen jedoch auch zur Kultur des jeweiligen Landes passen. In manchen Kulturen werden Fehler oder Verzögerungen aus Angst vor Konsequenzen lieber unter den Teppich gekehrt.

So entschärfen Sie die Bombe

1 Kümmern Sie sich aktiv darum, dass die Schnittstellen klar definiert sind.
2 Erläutern Sie den Projektmitgliedern die „Lesetechnik" des Projektstrukturplans oder eines Netzplans.
3 Ist von vornherein mit Schwierigkeiten an Schnittstellen zu rechnen, bestimmen Sie ein Projektmitglied vor Ort, das die Schnittstellen zusätzlich im Auge behält und Ihnen im Zweifelsfalle direkt eine Rückmeldung gibt.

3

Qualität: Ein gutes Klima und Ihr Vertrauen in die Kompetenz der Mitarbeiter erhöhen die Motivation der Projektteammitglieder und führen dazu, dass die Qualität der Ergebnisse stimmt.

Karriere: Ihr Geschick und Ihr Fingerspitzengefühl, Schnittstellen- und Abstimmungsprobleme durch Koordination und Delegation zu lösen, also die Kompetenzen des Teams einzubinden, wird sich herumsprechen und Ihren Leumund als guter Projektleiter stärken.

Termine: Haben Sie den Mut und die Geduld, das Spannungsfeld, das aus Abstimmungsproblemen entsteht, auszuhalten und aufzulösen, kann es durchaus passieren, dass Termine nicht eingehalten werden können.

Fazit: Wann dieser Weg Erfolg verspricht

Wenn die Probleme, die aufgrund von Schnittstellen- oder Abstimmungsproblemen entstehen, nur von Ihnen gelöst werden können, bleibt Ihnen nur die Rolle als Feuerwehrmann. In allen anderen Fällen ist es der erfolgreichere Weg, das Projektteam nicht aus der Verantwortung der abgestimmten Aufgabenpakete zu entlassen. Dazu gehört allerdings auch ein mit der Kultur der jeweiligen Projektmitglieder abgestimmter Weg der Eskalation im Konfliktfall. Machen Sie stets deutlich, wie Sie Ihre Rolle als Koordinator und Delegierer verstehen. Fragen Sie außerdem bei Terminüberschreitungen bereits einen Tag später freundlich nach, was denn zu der Terminverzögerung geführt hat und aus welchem Grund der abgestimmte Weg der Eskalation nicht eingehalten wurde.

Unser Weg: Projektleiter als Vermittler – so sind wir vorgegangen

Wolfgang Meier benötigte unbedingt die Unterlagen des Energiekonzerns. Ein Telefonat mit dem zuständigen Abteilungsleiter ergab, dass es zwischen ihm und dem Mitarbeiter des Ingenieurbüros zu einem Missverständnis gekommen war. Die Stimmung war äußerst gereizt am Telefon, denn der Energiekonzern hegte erste Zweifel an der Kompetenz des deutschen Unternehmens. In einer kurzfristig einberufenen Telefonkonferenz zwischen dem Mitarbeiter des Ingenieurbüros, Wolfgang Meier und dem Stromkonzern wurden die Dinge geklärt. Herr Meier organisierte am folgenden Tag eine Videokonferenz (siehe hierzu auch das gleichnamige Tool auf S. 172) mit allen Projektbeteiligten und gab jedem Projektmitglied die Gelegenheit, die ersten Wochen der Zusammenarbeit aus seiner persönlichen Sichtweise zu schildern. Er besprach die aktuellen Arbeitspakete und delegierte weiterführende Aufgaben an bestimmte Projektmitglieder. Zusätzlich wurde vereinbart, dass sich das Team beim nächsten Aufenthalt von Wolfgang Meier in Kapstadt auch die Zeit nehmen würde, gemeinsam abends ein Bier zu trinken, um sich so näher kennenzulernen.

1 Haben Sie grundsätzlich Vertrauen in die Fähigkeiten Ihrer Mitarbeiter – und geben Sie ihnen genügend Raum für die Entfaltung ihrer Fähigkeiten.

2 Ihre Aufgaben sind Koordination und Delegation – operativ sollten Sie sich zurückhalten. Seien Sie nicht Ihr bester Sachbearbeiter.

3 Stellen Sie sich die Frage, welche Erwartungen Mitarbeiter aus unterschiedlichen Ländern an Ihre Rolle als Projektleiter haben und sorgen Sie für Transparenz.

4 Spielen Sie nur dann den Feuerwehrmann, wenn es wirklich brennt.

3

Termine im Griff trotz Unwägbarkeiten

Thomas Münch ist der Leiter IT in einem internationalen Konzern. Das Unternehmen hat vor einigen Jahren die Kundenbuchhaltung des deutschen Marktes nach Bengalore in Indien ausgelagert. Im Rahmen eines großen, weltweiten Umstrukturierungsprozesses sollen nun auch die übrigen Märkte ihre Kundenbuchhaltung nach Indien verlagern. Zeitgleich sind die indischen IT Entwickler damit beauftragt, eine generelle Adaption der Software für die unterschiedlichen Länder und Systeme vorzunehmen. Das Projektteam besteht aus 12 Mitgliedern. Neben Angestellten des Konzerns sind dies für einen gewissen Zeitraum Freelancer in Indien, die die Programmierung übernehmen. Zum Ende des kommenden Monats sollen die ersten Märkte auf das neue Programm zugeschaltet werden. In Indien gibt es große Schwierigkeiten, da es zu Zeitverzögerungen beim Programmieren der Applikationen kommt. Das liegt zum Teil daran, dass die konzerninternen IT-Mitarbeiter die entsprechende Infrastruktur erst verspätet zur Verfügung stellen konnten. Thomas Münch bereitet sich auf das Meeting im Managementkreis vor. Manchmal hat er das Gefühl, dass er im Wirrwarr der unterschiedlichen Märkte und der unterschiedlichen Projektstände den Überblick verlieren könnte und dadurch die Terminplanung komplett ins Wanken gerät. Was soll er tun?

Wege zur Lösung

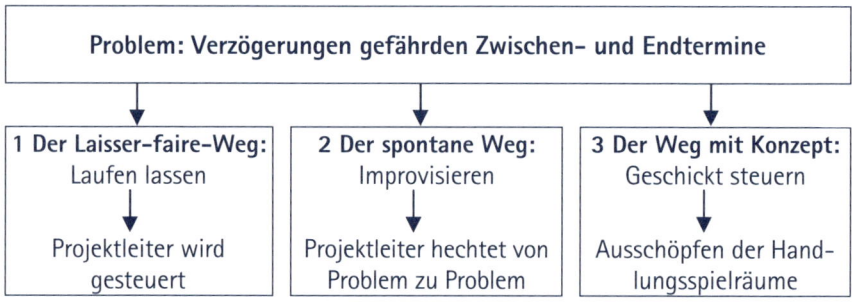

Problem: Verzögerungen gefährden Zwischen- und Endtermine		
1 Der Laisser-faire-Weg: Laufen lassen	2 Der spontane Weg: Improvisieren	3 Der Weg mit Konzept: Geschickt steuern
Projektleiter wird gesteuert	Projektleiter hechtet von Problem zu Problem	Ausschöpfen der Handlungsspielräume

1 Der Laisser-faire-Weg: Laufen lassen

Ihre Aufgaben lassen sich in der Steuerungsphase mit einem Satz beschreiben: Die SOLL-Vorgaben (Termine, Mitarbeiterressourcen, Qualität und Budget) werden mit den erreichten IST-Werten verglichen und eventuelle Abweichungen werden festgestellt.

Zur genauen Einschätzung der IST-Werte müssen Ihnen aktuelle Daten vorliegen: Ein Balkendiagramm gibt Ihnen einen Überblick über die Zeitachse im Projektverlauf. Abhängigkeiten und Vernetzungen sind ersichtlich. Die regelmäßigen Statusberichte bzw. Reports geben Ihnen stets Informationen über den Stand der Bearbeitung des Arbeitspaketes im Verhältnis zum Endtermin und über mögliche Risiken. Eine transparente Ampel-Systematik zeigt Ihnen, ob das Projekt in den richtigen Bahnen läuft. Die Prognose zur Erreichung des Planziels errechnen Sie bzw. Ihr Teammitglieder aus der Meilensteintrendanalyse (siehe Tool auf S. 123). Vor dem Erreichen eines Meilensteins verdichten Sie die erforderlichen Informationen und bereiten die Präsentation im Steuerkreis vor. Eigentlich haben Sie soweit alles im Griff.

Durch diese klare Strukturierung von Zuständigkeiten und Verantwortlichkeiten könnten Sie sich eigentlich zurückziehen und auf die Selbstverantwortung der Mitarbeiter vertrauen – Laisser-faire also: Lasst sie machen, auch wenn es einmal zu Terminverzögerungen kommt. Laufen lassen hieße im Extremfall, bei Terminüberschreitungen „alle Fünfe gerade sein zu lassen" und darauf zu hoffen, dass sich alles wieder einspielt.

Mit dieser Haltung stärken Sie die Kompetenzen Ihrer Projektmitarbeiter und brauchen nicht den Chef raushängen zu lassen. Bedenken Sie allerdings dabei, dass das totale Laisser-faire den Projektleiter in Frage stellt. Daneben ist zu beachten, dass Mitarbeiter in Ländern wie z. B. Indien aufgrund der kulturell bedingt hohen Machtdistanz eine klare Leitung und die Wahrnehmung der Führungsrolle erwarten.

VORSICHT BOMBE!

Eine SOLL-IST Analyse erfüllt nur ihren Zweck, wenn die Daten, die von den Projektmitgliedern geliefert werden, aktuell und qualitativ aussagekräftig sind. Hier spielt der kulturelle Aspekt eine große Rolle: Werden Zeitverzögerungen aus Angst vor Konsequenzen unter den Teppich gekehrt, kann Folgendes passieren: Laut Analyse ergibt sich ein Fertigungsstand von 90 %. Zwei Tage vor dem Erreichen des Meilensteins wird klar, dass erst 20 % des Arbeitspaketes fertig!

So entschärfen Sie die Bombe

1 Machen Sie im Kick-Off-Meeting deutlich, dass der Statusbericht das Kontrollinstrument ist, das über den Erfolg des Projekts und damit über den Erfolg aller Projektmitglieder entscheidet.

2 Reagieren Sie auf Abweichungen vom SOLL in Statusberichten nicht autoritär, aber bestimmt und konsequent; analysieren Sie, was der Hintergrund der Abweichung ist; binden Sie Ihre Projektteammitglieder aktiv in eine Lösungsfindung mit ein.

3 Das Gantt-Chart sollte aktuell und für alle Projektmitglieder zugänglich sein.

4 Lassen Sie von Ihren Projektteammitgliedern zusätzlich zum Statusbericht eine Meilenstein-Trendanalyse anfertigen.

 PRO

Qualität: Verantwortung übertragen ist eine Möglichkeit, Mitarbeiter zu motivieren und zu stärken und damit eine qualitativ hochwertige Erledigung von Projektaufgaben sicherzustellen. Allerdings haben Sie als Projektleiter weiterhin eine wichtige Steuerfunktion.

 CONTRA

Termine: Das Projekt gerät bei zu viel Laisser-faire schnell aus den Fugen.

Kosten: Verzögerungen oder qualitative Kompromisse verursachen Mehrkosten.

Karriere: Laufen lassen und Steuerungsauftrag sind nur schwer miteinander zu verbinden – auf Dauer ist diese Haltung Ihrer Karriere nicht nützlich.

Fazit: Wann dieser Weg Erfolg verspricht

Es mag Projektphasen geben, in denen Sie sich völlig ausklinken können und die Gewissheit haben, dass alles seinen richtigen Gang geht, etwa wenn Sie ein sehr selbstorganisiertes Projektteam leiten und durch „Laufen lassen" motivieren möchten. Dies kann in Kulturen mit niedriger Machtdistanz, einer hohen Individualität und einer geringen Unsicherheitsvermeidung durchaus gelingen, z. B. in Großbritannien. In anderen kulturellen Kontexten ist das wohl eher nicht möglich. Passen Sie daher auf, dass sich niemand die Frage stellt, welche Rolle Sie überhaupt im Projekt einnehmen.

2 Der spontane Weg: Improvisieren

Aufgrund von Schwierigkeiten im Projektablauf droht die Nichteinhaltung von Terminen und damit ist die Erreichung von Meilensteinen gefährdet. Gerade in internationalen Projekten können die „deutschen" Maßstäbe für Pünktlichkeit nicht angelegt werden. Wurde dies vom Projektleiter nicht proaktiv in der Planung berücksichtigt, gilt es, spätestens jetzt in irgendeiner Weise zu reagieren und den Projektablauf nachzusteuern. Je nachdem, wie komplex die Gründe für die aufgetretene Verzögerung sind, ist der Projektleiter gefordert, zu improvisieren, um die Meilensteine in einem angemessenen Zeitraum zu realisieren. Improvisieren kann dann auch bedeuten, kurzfristig Prioritäten zu verschieben oder Aufgaben umzudelegieren. Denn oberstes Ziel sollte es sein, dass Sie den ursprünglich gesetzten Zeitrahmen zur Realisierung des Projekts halten können. Es bleiben Ihnen – spontan – die folgenden Möglichkeiten:

- **Die Bearbeitungsdauer der Arbeitspakete verkürzen:** Das können Sie bewerkstelligen, indem Sie die Projektteammitglieder von anderen Aufgaben befreien, d. h. mehr Stunden für das Projekt zur Verfügung stellen, oder indem Sie Überstunden anordnen. Zusätzlich können neue Projektmitglieder ins Team aufgenommen werden oder Sie vergeben einige Teilaufgaben an (weitere) Externe.

- **Die Reihenfolge der Bearbeitung der Arbeitspakete, also den Projektablauf, verändern:** Das bedeutet, Arbeitspakete parallel oder zeitlich überlappend durchzuführen.

- **Die Termine verschieben:** Die Verschiebung des Endtermins oder von Meilensteinen hat ein direktes Reporting an Auftraggeber und Steuergremium zur Folge, sollte also wirklich nur im äußersten Notfall eingesetzt werden. In internationalen Projekten ist dies auch neben dem organisatorischen Aufwand oft mit zusätzlichen Kosten verbunden.

Falls Sie Änderungen durch Ihre Terminsteuerungsaktivitäten veranlassen, sind diese auf jeden Fall schriftlich zu fixieren.

 VORSICHT BOMBE!

Spontane Reaktionen des Projektleiters im laufenden Projekt aufgrund eines SOLL-IST-Abgleichs stellen ein gewisses Risiko dar. So ist z. B. das Anordnen von Überstunden keine Dauerlösung und trägt nicht zur Motivation der Projektmitglieder bei. Auch die Aufnahme von neuen Mitgliedern in das Projektteam kann zu einer weiteren zeitlichen Verzögerung durch die Einarbeitung führen. Die Vergabe von Teilschritten an Externe schafft neben dem Qualitätsrisiko zusätzliche Kosten.

So entschärfen Sie die Bombe

1 Nutzen Sie frühzeitig die Ihnen zur Verfügung stehenden Kontrollsysteme, so dass auftretende Abweichungen keine Überraschung darstellen.

2 Kalkulieren Sie, welche Auswirkungen die Abweichungen haben werden. Die meisten Softwareanwendungen für die Projektsteuerung lassen solche Planungsszenarien zu.

3 Entwickeln Sie proaktiv Vorschläge für Maßnahmen, mit denen Sie den Abweichungen begegnen können.

4 Schaffen Sie maximale Transparenz gegenüber Ihrem Projektteam. Auch in diesem Fall hilft Ihnen ein Klima der Wertschätzung und Offenheit weiter.

5 Versuchen Sie zur Analyse der Abweichung vor Ort zu sein.

 PRO

Karriere: Um ein gewisses Maß an Spontaneität und Improvisation werden Sie wohl in keinem größeren internationalen Projekt herumkommen. Alles lässt sich nicht im voraus planen. Wenn aus Ihrer Spontaneität jedoch Panik wird, stehen Sie am Ende als Projektleiter auf dem Prüfstand.

Kosten: Die eingeleiteten spontanen Maßnahmen sind in den seltensten Fällen kostenneutral.

Qualität: Achten Sie darauf, dass die Qualität dabei nicht auf der Strecke bleibt.

Fazit: Wann dieser Weg Erfolg verspricht

Nur bei Bedarf zu einzugreifen, bedeutet, dass Sie größtenteils reagieren statt agieren müssen. Natürlich ist in internationalen Projekten nicht alles genau vorhersehbar. Falls Sie spontan reagieren müssen, tun Sie es dennoch wohlüberlegt, so dass aus einem Schnellschuss keine zusätzlichen Kosten entstehen, die am Ende nicht vom Budget gedeckt sind. Auf jeden Fall sollten Sie nach der Korrektur von Abweichungen im Projektverlauf die Gründe des Auftretens analysieren. „Was? Wann? Wo? Wer? Aus welchem Grund?", sind hilfreiche Fragen, die Ihnen die Analyse erleichtern. Vielleicht hilft es auch, den Projektsteuerkreis offen über Probleme zu informieren und ihn mit einem Lösungsvorschlag im Gepäck mit einzubeziehen.

3 Der Weg mit Konzept: Geschickt steuern

Wie umschifft ein erfahrener Kapitän die Klippen? Er nutzt eine aktuelle Seekarte, kalkuliert Umwege mit ein und bereitet sich auf schwerere See vor. Die Seekarte im Projektmanagement sind die Informationen, die Ihnen zur Verfügung stehen. Diese beziehen sich auf Qualität, Termine und Kosten. Nutzen Sie die Daten aus Reports und anderen Informationssystemen. Auch Gespräche mit Ihren Projektmitgliedern und weiteren Schlüsselpersonen geben Ihnen ein ungeschöntes Bild der Lage. Gerade in internationalen Projektkontexten kommt es immer wieder vor, dass Probleme im Projektverlauf verschwiegen werden. Je offensiver Sie Ihren Steuerungsauftrag wahrnehmen, desto präsenter sind Sie als Projektleiter. Wenn sich im Rahmen des SOLL-IST-Abgleichs herausstellt, das Meilensteine trotz aller Steuerungsinstrumente nicht zu halten sind, bringen Sie ein Change Request ein. Der Change Request ist immer schriftlich anzufertigen und enthält die folgenden Punkte:

- Beschreibung des zugrundeliegenden Problems
- Beschreibung der anzufragenden Änderung
- Welche Auswirkungen hat der nicht umgesetzte Change Request auf Terminplanung, Qualität und Budget?
- Welche Auswirkungen hat der umgesetzte Change Request auf Terminplanung, Qualität und Budget?

Sie halten die eingereichten Change Requests im Rahmen der Projektdokumentation fest. Schließlich werden die genehmigten Change Requests in den Projektablaufplan eingepflegt. Budgetüberschreitungen sollten Sie sich schriftlich vom Auftraggeber bestätigen lassen. In internationalen Kontexten ist verstärkt darauf zu achten, dass der Change Request keine vertraglichen Verpflichtungen tangiert. Sie sollten auch im Blick haben, dass das Einbringen von Change Requests nicht als persönliche Führungsschwäche ausgelegt wird.

Eine Meilensteintrendanalyse (siehe Tool auf S. 123) bewahrt Sie davor, im Vorfeld eines terminlich fixierten Meilensteins eine böse Überraschung zu erleben. Für die Meilensteine werden hierzu zu festen Berichtszeiträumen Prognosen erstellt, ob der geplante Termin unter- oder überschritten bzw. eingehalten wird. Diese Trendanalysen helfen Ihnen dabei, negative Entwicklungen so früh wie möglich zu erkennen und im Bedarfsfall einzugreifen. Voraussetzung ist hier, dass im Projektteam eine Kultur des Vertrauens vorherrscht, die zu einer offenen Einschätzung der Lage führt. Mit einem vorausschauendem Blick und der Nutzung der Kontrollinstrumente gelingt es, die schwierigen Klippen zu umschiffen.

 PRO

Termine und Kosten: Wenn Sie sich von vornherein auf mögliche Schwierigkeiten im Projekt einstellen, lässt Sie das flexibler auf mögliche Störungen reagieren. Dies hilft Ihnen, die Termin- und Kostenziele im Auge zu behalten.

Karriere: Wenn Sie mögliche Abweichungen im Projektverlauf erkennen und beherzt eingreifen, zeigen Sie, dass Sie dem Alltag eines international tätigen Projektmanagers gewachsen sind.

Fazit: Wann dieser Weg Erfolg verspricht

Die Annahme von SOLL-IST-Abweichungen als Chance, die eigene Handlungsfähigkeit unter Beweis zu stellen, ist die Grundhaltung, die Sie als Projektmanager weiterführt. Je genauer Ihr Bild von der tatsächlichen Situation im Projekt ist, desto schneller können Sie proaktiv reagieren. Es gilt, die für diesen Fall zur Verfügung stehenden Instrumente zu nutzen.

Unser Weg: Analyse und Change Request – so sind wir vorgegangen

Thomas Münch hat mit meiner Hilfe zunächst die Ursachen für die Terminabweichung analysiert und ist dabei zu dem Ergebnis gekommen, dass die Freelancer nicht optimal auf die firmenspezifischen Anforderungen gebrieft worden sind. Außerdem hatten die internen IT-Spezialisten den Aufwand für die Bereitstellung der Infrastruktur unterschätzt. Aufgrund der hohen Machtdistanz in Indien war es für die Projektmitglieder ungewohnt, Thomas Münch selbstständig über die Abweichungen frühzeitig zu informieren. Münch erhöhte den Anteil der Freelancer und sicherte ein intensives Briefing. Für das Problem der Infrastruktur blieb ihm nur die Möglichkeit, einen Change Request zu stellen und die Zuschaltung auf den Indischen Markt um sechs Wochen zu verschieben. In einem Projektmeeting thematisierte er die kulturellen Unterschiede im Umgang mit Informationen und traf eine von allen Teammitgliedern getragene Vereinbarung.

KLARTEXT: TERMINE IM GRIFF TROTZ UNWÄGBARKEITEN

1 Sie sind der Steuermann – lassen Sie sich nie das Ruder aus der Hand nehmen.
2 Glauben Sie nur den Zahlen und den Reportings, denen Sie absolut vertrauen können – in einigen Kulturen werden negative Nachrichten geschönt und verschleiert.
3 Nutzen Sie Ihre informellen Kontakte – Ihre Schlüsselpersonen sind unverzichtbar.

Qualität oder Budget? Wie Sie mit Kostenüberschreitungen umgehen

Ein deutscher Nischenhersteller für Hochseeyachten hat sich auf die Herstellung und den Vertrieb von exklusiven Schiffen spezialisiert. Jede Yacht ist quasi ein Unikat und wird nach den Anforderungen ihrer zukünftigen Besitzer zum vereinbarten Festpreis gefertigt. Dabei wird der Rohbau des Schiffes in der deutschen Werft hergestellt, die weitere Montage erfolgt auf einer Werft in der Nähe von Antalya. Die Aus- und Aufbauten werden von namhaften Herstellern weltweit gekauft. Sie stellen zusätzlich Fachpersonal für die Montage ihrer High-Tech-Produkte zur Verfügung. Peter Grupp ist der verantwortliche Projektleiter in Antalya. Er ist für den gesamten Prozess des Baus der Yachten verantwortlich, so auch für die Entwicklung einer neuen Baureihe. Diese erfordert noch einige kostenintensive Tests und Testfahrten, die allerdings den Auslieferungstermin nach hinten schieben würden. Auch wurden sie bei Projektbeginn nicht ausreichend im Budget berücksichtigt. Bei einer Lieferverzögerung können die Kunden eine Preisminderung geltend machen. Zusätzlich ist im Projekt ein erhöhter Reisebedarf für etliche Abstimmungsmeetings aufgetreten, die das entsprechende Budget bereits gesprengt haben. Was soll Peter Grupp tun?

Wege zur Lösung

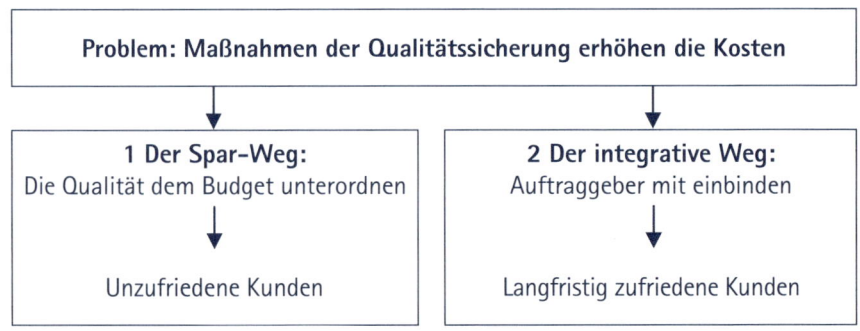

Problem: Maßnahmen der Qualitätssicherung erhöhen die Kosten

1 Der Spar-Weg:	2 Der integrative Weg:
Die Qualität dem Budget unterordnen	Auftraggeber mit einbinden
↓	↓
Unzufriedene Kunden	Langfristig zufriedene Kunden

1 Der Spar-Weg: Die Qualität dem Budget unterordnen

Im Projektauftrag sind die Anforderungen an die Qualität des Projektergebnisses klar beschrieben. Qualität wird definiert als „die Gesamtheit aller Eigenschaften und Merkmale eines Produktes oder einer Dienstleistung, die sich auf deren Eignung zur Erfüllung gegebener Erfordernisse beziehen". In internationalen Kontexten sind die Prioritäten bei der Erfüllung der Anforderungen jedoch mitunter unterschiedlich gewichtet. Legen Deutsche beispielsweise Wert auf Zuverlässigkeit und Qualität, spielt für Franzosen eher Design eine Rolle und für US-Amerikaner das Image des Herstellers. Lassen Sie sich als Projektleiter nicht auf unklare Anforderungen ein. Sie tragen sowohl Verantwortung für die Qualität des Ergebnisses als auch für die Einhaltung des Budgetrahmens:

- In Bezug auf die Qualität des Ergebnisses haben Sie einen Kontroll- und -steuerungsauftrag in doppelter Hinsicht: Sie tragen die Verantwortung für das Projektergebnis, aber auch für den Prozess der Projektarbeit. Für die Kontrolle der Projektergebnisse stehen Ihnen diverse Instrumente des Qualitätsmanagements zur Verfügung. Als ein praktisches Instrument ist hier das Ishikawa-Diagramm oder Ursache-Wirkungs-Diagramm genannt. Diese einfache Technik zur Problemanalyse trennt Ursache und Wirkung voneinander.

- Daneben tragen Sie auch die Verantwortung zur Einhaltung des Budgets. Insbesondere bei Projekten, die auf der Basis eines Festpreises kalkuliert sind, können Budgetüberschreitungen ernsthafte Folgen für das Unternehmen haben. Zur Überwachung des Budgets benötigen Sie aktuelle Daten. In internationalen Projekten gilt es darauf zu achten, dass Ihnen die Daten stets zeitnah zur Verfügung stehen.

Was tun, wenn die Kosten aus dem Ruder laufen?

- Sie können anhand einer Zielkostenrechnung bestimmen, wie viel Budget noch zur Realisierung des Projekts zur Verfügung steht. Dabei orientieren Sie sich zunächst an den Qualitätsanforderungen Ihrer Kunden.

- Im nächsten Schritt werden die Kosten nach dem Verursacherprinzip aufgesplittet. Nun wird transparent, welchen Einfluss die Qualitätsanforderungen auf die Kostenseite des Projekts haben.

- Dann entscheiden Sie, wo Sie die Kostenschraube ansetzen, und realisieren das Projekt unter strikter Einhaltung des Budgets – auch auf die Gefahr von Qualitätseinbußen.

 PRO

Kosten: Wenn es Ihnen gelingt, die Kosten auf jeden Fall einzuhalten, dann wird das positiv von Ihrem Management gesehen – zunächst zumindest.

 CONTRA

Termine: Die Einhaltung von Terminen – unter Budgetgesichtspunkten – ist lobenswert, wenn dies jedoch zulasten der Qualität geschieht, trifft Sie der Bumerang unerbittlich.

Kosten und Karriere: Die aus einer kurzfristigen Budgetorientierung erwachsenden Folgekosten (z. B. Regressansprüche der Kunden) können auch ernsthafte Folgen für Sie persönlich haben.

Fazit: Wann dieser Weg Erfolg verspricht

Bei diesem Weg wird das Budget auf Kosten der Qualität eingehalten. Abweichungen bei der Qualität sind jedoch mit äußerster Vorsicht zu genießen: Denn der Auftraggeber erwartet höchste Qualität – zunächst ohne Kompromisse; auch Sie als Projektleiter sollten nicht leichtfertig Qualitätsansprüche unterschreiten. Hier gelten die Erwartungen des Projektleiters und die des Auftraggebers. Dies gilt es, einerseits dem Projektteam deutlich zu machen, andererseits sind die Vorstellungen von Qualität seitens des Projektteams zu integrieren, zumindest mit Verständnis zu versehen. Falls es wirklich einmal zu Qualitätsabstrichen kommt, liegen die Gründe entweder in einem hohen Termindruck oder in einer von außen bedingten Kürzung des Budgets, z. B. aufgrund besonders dramatischer wirtschaftlicher Entwicklungen.

2 Der integrative Weg: Auftraggeber mit einbinden

Sie haben im Rahmen der Kosten-, Termin- und Ressourcenplanung entsprechende Budgets erstellt. Die schnelle und regelmäßige Kontrolle der Kosten, die pro Arbeitspaket verbucht wurden (IST-Kosten), im Vergleich zu den SOLL-Kosten des jeweiligen Budgets ist Grundvoraussetzung für Ihren Steuerungsauftrag. Treten Kostenüberschreitungen auf, dann gilt es, die Ursachen dafür herauszufinden. Typische Ursachen sind:

- falsche Aufwandsschätzung,
- zusätzliche Maßnahmen im Rahmen von zeitlichen Verzögerungen (z. B. Einstellung von Freelancern),
- technische Schwierigkeiten, die zusätzliche Ausgaben (z. B. für Testläufe) erfordern,
- nachträgliche Änderungen des ursprünglichen Projektziels.

In internationalen Projekten werden oft zusätzlich die Reisekosten und Zusatzkosten für Infrastrukturmaßnahmen unterschätzt. Der zeitnahe Überblick über die Budget- und Ressourcenausnutzung ermöglicht es Ihnen, schnelle Entscheidungen zu treffen, z. B. wenn es um die zusätzliche Anforderung von Projektmitgliedern oder die Anschaffung von Arbeitsmaterialien geht. Welchen Grund auch immer die Kostenüberschreitung hat: Hier ist Gefahr im Verzug, da das Budget in einem direkten Verhältnis zur Qualität steht. Dieser direkte Zusammenhang zwischen der Erreichung der Qualitätsanforderungen, dem Aufwand / Budget und dem Terminplan wird als das magische Dreieck des Projektmanagements bezeichnet. Schrauben Sie daher nicht auf eigene Faust an diesen Problemen herum, sondern binden Sie den Auftraggeber bzw. den Projektsteuerkreis aktiv mit ein. Diskutieren Sie die folgenden Aspekte:

- Wie wirken sich veränderte Rahmenbedingungen auf das Budget aus?
- Welche Mehrkosten entstehen bei Lieferverzögerungen?
- Welche zusätzlichen Kosten kommen auf das Unternehmen zu?
- Welche Kompromisse in Bezug auf Qualität bzw. Liefertermin ist der Kunde bereit einzugehen?

Beachten Sie in diesem Zusammenhang interkulturelle Aspekte. Es gibt Kulturen, in denen die aktive Einbindung des Managements als Führungsschwäche des Projektleiters ausgelegt wird. Man erwartet dort grundsätzlich von Ihnen, dass Sie alles im Griff haben.

Falls Sie sich entscheiden, den Auftraggeber aktiv in die Entscheidung einzubinden, haben Sie die große Chance, sich als Projektleiter zu entlasten. Gehen Sie eher strategisch vor, mit einem präzisen Lösungsvorschlag im Gepäck, den Sie mit dem Auftraggeber diskutieren. Das macht es ihm leichter, sich in das Problem hineinzudenken.

 VORSICHT BOMBE!

Die Abhängigkeit vom Rechnungswesen des Unternehmens erschwert es dem Projektleiter, einen tagesgenauen Überblick über die Budgetausnutzung zu haben. Ebenso wirken sich Verschiebungen im Projektverlauf auf die Budgets aus.

So entschärfen Sie die Bombe

1 Führen Sie Ihre Budgets manuell mit; so sind sie tagesaktuell. Sie sind dann jederzeit in der Lage, Entscheidungen zu treffen.

2 Haben Sie die Ausnutzung von Ressourcen stets genau im Blick.

3 Vertrauen Sie keinen Zahlen – insbesondere in internationalen Projekten – deren Richtigkeit Sie nicht hinterfragt haben.

 PRO

Qualität, Kosten, Termine: Wegen der Einflüsse von außen wird es schwierig, alle drei Perspektiven unter einen Hut zu bringen. Umso wichtiger ist es, dass das Management bzw. der Auftraggeber die Prioritäten vorgibt.

Karriere: Sie treffen keine einsamen Entscheidungen, sondern holen den Auftraggeber zum richtigen Zeitpunkt mit ins Boot. Hier ist eine Management- bzw. Auftraggeberentscheidung gefordert – und Sie fordern sie ein.

 CONTRA

Karriere: Es kann sein, dass man Ihnen die Einbindung des Managements oder des Auftraggebers als Führungsschwäche auslegt. Schließlich sind Sie als Problemlöser eingestellt. Bereiten Sie die Einbindung des Managements deshalb möglichst hieb- und stichfest vor.

Fazit: Wann dieser Weg Erfolg verspricht

Der Vorteil dieses Weges liegt auf der Hand: Das Management hat Sie mit dem Projekt beauftragt. Die Entscheidung für Qualität, Kosten oder Termin kann zwar von Ihnen mit Vorschlägen vorbereitet, aber letztlich nicht getroffen werden. Daher ist es erforderlich, dass Sie sich durch eine Managemententscheidung entlasten. Die Erfahrung zeigt allerdings – gerade in internationalen Projekten –, dass diese letzte Reißleine manchmal zu spät gezogen wird. Alle Entscheider an einen Tisch zu bekommen, erfordert meistens viel Koordinations- und Abstimmungsbedarf. In so einem Meeting werden Sie bestimmt mit vielen Fragen konfrontiert, warum sich das Projekt so entwickelt hat – nehmen Sie den Kampf gut vorbereitet auf!

3

Unser Weg: Einschaltung des Managements – so sind wir vorgegangen

Peter Grupp hat auf meinen Ratschlag hin zunächst die Gründe für die zusätzlich anfallenden Tests analysiert und gemeinsam mit seinem Team überlegt, welche Möglichkeiten der Verkürzung der Tests bestehen. Da es hier keine Rationalisierungsmöglichkeiten mehr gab, schaltete er das Management in Deutschland ein und erläuterte ihm, welche Folgen sich aus den kostenintensiven Tests ergäben und mit welchen Konsequenzen zu rechnen sei, falls darauf verzichtet würde. Die Sitzung war für Peter Grupp nicht nur angenehm, da das Management ihn mit einer Menge Fragen löcherte. Schließlich wurde entschieden, dass die Qualität höchste Priorität habe. Trotz der Gefahr, Kosten wegen einer Lieferverzögerung zu produzieren, wurden die Entwicklungstests durchgeführt. Der Vorstand besprach die Gründe der zu erwartenden Lieferverzögerungen mit den Kunden persönlich. Die neue Baureihe der Yachten war nach Überwindung dieser Schwierigkeiten übrigens ein voller Erfolg.

KLARTEXT: QUALITÄT ODER BUDGET?

1 Qualität ist ein dehnbarer Begriff und hat in internationalen Kontexten unterschiedliche Bedeutungen.

2 Schaffen Sie sich glaubhafte Monitoringsysteme, damit Sie den vorliegenden Zahlen vertrauen können. Vergessen Sie nicht Ihre informellen Quellen.

3 Überschätzen Sie Ihre Entscheidungskompetenzen nicht, wenn es eigentlich um Managemententscheidungen geht.

4 Bereiten Sie das Entscheidungsmeeting für das Management gut vor: Vor- und Nachteile skizzierter Alternativen erleichtern es, Entscheidungen zu treffen, und demonstrieren Ihre strategischen Kompetenzen.

5 Schieben Sie die Einbindung des Managements nicht auf die lange Bank.

Diese Tools brauchen Sie

NÜTZLICHE TOOLS

Tool	Kurzbeschreibung Stärken / Schwächen	Aufwand Nutzen
Budgetabfluss	Steuerung des Abflusses der Geldmittel aus dem zur Verfügung stehenden Budget. Gibt einen Überblick über das noch zur Verfügung stehende Budget. Wichtiges Steuertool.	●● ★★★★★
Change Request	Keine Änderung ohne Change Request. Formular für die Beantragung von Änderungen im Projekt. Einfache Handhabung.	●● ★★★★
Eisbergmodell	Modell für das Zusammenspiel von Sach- und Beziehungsebene der Kommunikation bzw. Zusammenarbeit. Übersichtliche Darstellung von Konfliktpotenzial.	●● ★★★★★

Tool	Kurzbeschreibung Stärken / Schwächen	Aufwand Nutzen
Ishikawa-Methode	Methode zur Problemanalyse, bei der Ursache und Wirkung voneinander getrennt werden. Dabei werden die Ursachen, die zu einer Wirkung, also einem Problem, führen, in Haupt- und Nebenursachen zerlegt und graphisch strukturiert. Einfache Handhabung, übersichtliche Darstellung.	●●●● ★★★★
Kommunikationsstile nach Friedemann Schulz von Thun	Modell zur Verdeutlichung des Zusammenspiels der Sach- und Beziehungsebene in der Kommunikation. Einfache Darstellung, aber nicht ganz einfach in der Umsetzung.	●● ★★★
Meilensteintrendanalyse	Methode zur Überwachung des Projektfortschritts der Meilensteine, um mögliche Planabweichungen frühzeitig zu erkennen. In der Praxis relativ selten benutzt.	●●●● ★★★★
Projektfortschrittskontrolle ⊡	Überblick über die Fortschritte des Projekts. Ein wesentlicher Bestandteil ist die Erhebung des Fertigstellungsgrads der einzelnen Arbeitspakete im Projekt. Standard in der Projektüberwachung, komplex in der Umsetzung.	●●●● ★★★★
Projektstatusbericht ⊡	Dokumentation des Projektfortschritts in Bezug auf Situation, Qualität, Kosten und Termine. Gibt Hinweise auf mögliche Verzögerungen sowie zu treffende Entscheidungen. Wichtiges Instrument zur Steuerung des Projekts. In einigen Kulturen nicht immer ehrlich ausgefüllt.	●●●● ★★★★
Projektsteuerung und -überwachung	Modell zur Transparenz des Zusammenspiels von Steuerung und Überwachung.	●●● ★★★★

Die mit dem Icon ⊡ gekennzeichneten Tools können Sie im Internet unter www.projektmagazin.de/klartext abrufen.

Die wichtigsten Tools – so funktionieren sie

Budgetabfluss

Der Budgetabfluss gibt einen Überblick über die verbrauchten finanziellen Mittel. Eine gute Projektmanagementsoftware unterstützt den Projektleiter bei der Steuerung der Budgets und zeigt die jeweils noch zur Verfügung stehenden Ressourcen an. Pikante Fragestellung in internationalen Projekten ist jeweils der Punkt, wer die Verfügungsberechtigung über den Abfluss der Finanzmittel hat. Der Projektleiter sollte stets einen genauen Überblick über die Budgetabflüsse haben, damit sichergestellt ist, dass es keinen ungewollten Abfluss der Mittel gibt, z. B. durch die Anheuerung von Freelancern an anderen Projektstandorten.

Change Request

Change Requests bilden die formale Grundlage für den Prozess von Änderungswünschen bzw. -anforderungen. Jede Änderung im Projekt ist mit einer Begründung der Änderung sowie den Auswirkungen auf Zielsetzung, Termine und Kosten in einem festgelegten Prozess (Formular oder online) zu beantragen. Hierdurch wird vermieden, dass Änderungen am Projektablauf auf eigene Faust vorgenommen werden. Die Strukturierung des Change Request – insbesondere die skizzierten Auswirkungen auf Zielsetzung, Kosten und Termine – gibt den zuständigen Entscheidern maximale Transparenz und die nötige Basis für die zu treffende Entscheidung. In internationalen Kontexten ist es wichtig, dass dieser Prozess allen Beteiligten klar ist und dass er die Grundlage jeder Änderung ist. Ein Formular für einen Change Request finden Sie online unter www.projektmagazin/klartext.

Eisbergmodell

Das Eisbergmodell veranschaulicht in einfacher Weise, welches menschliche Verhalten sich über und unter der „Wasseroberfläche" abspielt. Der Eisberg dient deswegen als Metapher, da sich bei ihm der größte Teil unter der Wasseroberfläche befindet, also auf den ersten Blick nicht sichtbar ist. Ebenso beim Menschen: Beim Menschen ist der wahrnehmbare Bereich über der

Wasseroberfläche der Bereich der Sachebene: Regeln, Ziele, Rituale sind wahrnehmbar. Unter der Wasseroberfläche befindet sich die Beziehungsebene. Diese beinhaltet Motive, Werte, Emotionen, Bedürfnisse, kulturelle Unterschiede und Einstellungen. Die Inhalte der Beziehungsebene haben einen direkten Einfluss auf die Sachebene. In internationalen Projekten, also in der Zusammenarbeit unterschiedlicher Kulturen, sensibilisiert das Eisbergmodell dafür, dass die Gründe für Konflikte auf der sachlichen Ebene zu einem großen Teil ihre Ursachen im Aufeinandertreffen der Bereiche „unter der Wasseroberfläche" haben. Der Blick auf diese Aspekte menschlichen Verhaltens hilft, Konflikte zu lösen.

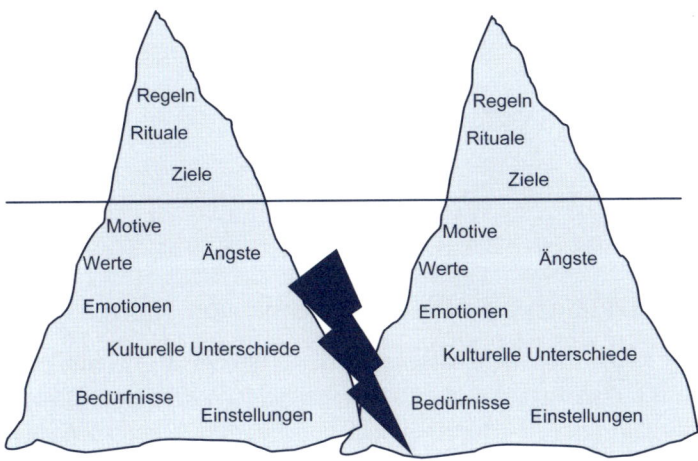

Eisbergmodell

Ishikawa-Methode

Das Ishikawa-Diagramm ist eine einfache Darstellung zur Unterstützung der Problemanalyse, bei der Ursache und Wirkung eines Problems voneinander getrennt werden. Die Ursachen werden in Haupt- und Nebenursachen zerlegt und graphisch übersichtlich dargestellt. Dabei werden zunächst die Ursachen fünf bzw. sechs Ursachengruppen zugeordnet. Diese sind: Mensch, Maschine, Methode, Material und Umfeld sowie eventuell Messung. Danach werden durch die Gewichtung der Ursachen die wahrscheinlichsten Ursachen bestimmt und diese werden dann auf ihre Richtigkeit hin analysiert – meist unter Einschaltung der Fachexperten. Sie dienen als Grundlage zur Entwicklung von Lösungsvorschlägen.

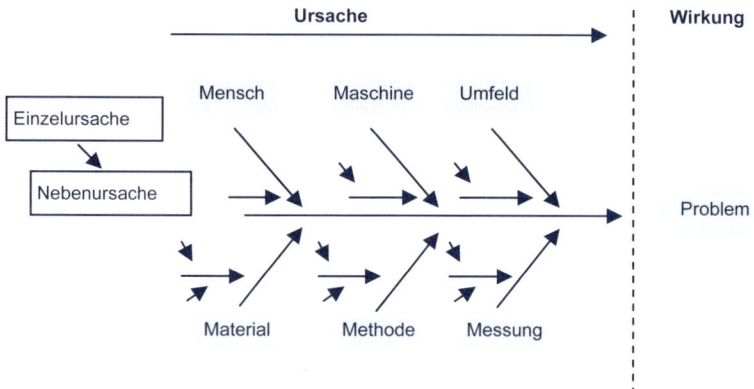

Ishikawa-Diagramm

Kommunikationsstile nach Friedemann Schulz von Thun

Der Hamburger Kommunikationswissenschaftler Friedemann Schulz von Thun beschreibt die Wirkungsweise von unterschiedlichen Kommunikationsstilen. Angelehnt an die beiden Dimensionen von Führung, nämlich Aufgaben- und Beziehungsorientierung, beschreibt er zwei Dimensionen in Führungsgesprächen, nämlich Wertschätzung und Konsequenz. Für Projektleiter bedeutet das: Wertschätzung im Gespräch, aber Konsequenz in der Sache zu zeigen, ist der anzustrebende Kommunikationsstil. Konzentriert sich der Projektleiter in seinem Kommunikationsstil nur auf die sachliche Dimension, kann er sehr schnell als kalt und nicht an der Person des Gegenübers interessiert wahrgenommen werden. In kritischen Gesprächssituationen wird dieses Kommunikationsverhalten als abwertend erlebt. Die reine Konzentration auf die Dimension „Wertschätzung" kann den Eindruck vermitteln, als sei der Kommunizierende zu weich und nicht in der Lage, die kritischen Fakten auf den Tisch zu legen. Oftmals verbergen sich hinter diesem Kommunikationsstil Menschen, die Konflikten lieber aus dem Weg gehen. Die richtige Gesprächshaltung berücksichtigt die beiden Dimensionen: Man kann dem anderen die Fakten darlegen oder kritische Situationen ansprechen – aber auch die Wertschätzung muss der Andere gleichzeitig spüren. Mit Hintergrundwissen über die Kulturdimensionen (siehe S. 31) kann der Projektleiter seinen Kommunikationsstil zwischen den beiden Dimensionen Wertschätzung und Konsequenz in der Sache ausrichten Gerade in Situationen, wo er persönliche Kritik äußern muss, ist genau zu überlegen, wie diese adressiert werden soll. Interkulturelles Wissen über das unterschiedliche Kommunikationsverhalten ist hier sehr hilfreich. (Siehe dazu auch: Schulz von Thun, Miteinander Reden: Kommunikationspsychologie für Führungskräfte, Hamburg 2000)

Meilensteintrendanalyse

Die Meilensteintrendanalyse ist die regelmäßige Ermittlung des Projektstandes in Bezug auf die Terminerreichung der Meilensteine. Die Trendanalyse gibt einen Überblick über zeitliche Planabweichungen und sich daraus ableitende Trends. Betrachtet werden können die einzelnen Arbeitspakete. Die vertikale Achse bezeichnet den Planungszeitraum, die horizontale Achse den Berichtszeitraum. Nun lässt sich anhand der sich ergebenden Verlaufskurven erkennen, ob die Meilensteine im Plan eingehalten oder (waagerechter Verlauf) unterschritten werden (fallender Verlauf) oder sich verzögern (steigender Verlauf).

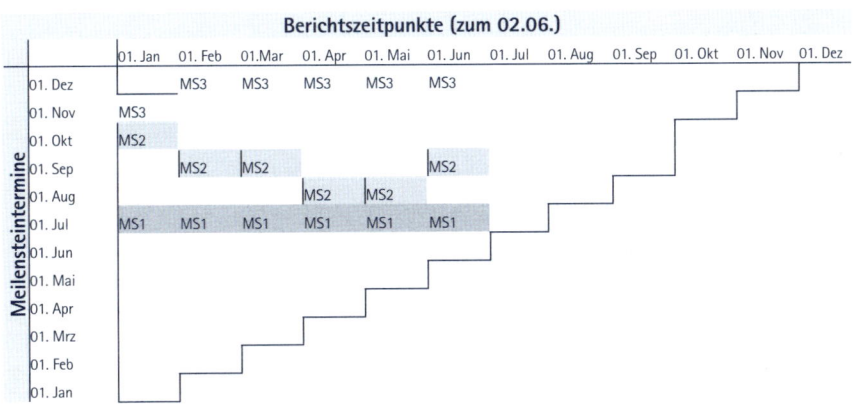

Projektfortschrittskontrolle

Mit Hilfe der Projektfortschrittskontrolle wertet der Projektleiter die ihm zur Verfügung stehenden Informationen aus; er nimmt sie als Grundlage für Entscheidungen. Über den Fortschritt des Projekts sind regelmäßig die Auftraggeber, das Projektsteuerungsgremium sowie die am Projekt beteiligten Fachabteilungen zu informieren. Die Fachabteilungen haben in der Regel ein großes Interesse an einem genauen Überblick über den Fertigstellungsgrad (in Prozent) eines Vorgangs bzw. Arbeitspaketes zu einem Stichtag. Die DIN 69901-5 definiert den Fertigstellungsgrad als „Verhältnis der zu einem Stichtag erbrachten Leistung (Fertigstellungswert oder Earned Value) zur Gesamtleistung (Planwert oder Planned Value), z. B. eines Arbeitspaketes oder eines Projekts". Zur Bestimmung des Fertigstellungsgrads von Arbeitspaketen haben sich in der Praxis drei Verfahren bewährt: Die 0/100-, die 50/50- oder die 20/80-Methode. Jeweils zu Beginn und nach Abschluss des jeweiligen Arbeitspaketes werden die Fertigstellungsgrade bestimmt.

Fertigstellungsgrad, Status per 30.06.

Vorgangsname	Methode	Kalkulierter Wert der Fertigstellung in Euro	Fertigstellungswert (Earned Value) in Euro	Geplante Kosten in Euro	Geplanter Anfang	Geplantes Ende	Aktueller Anfang	Aktuelles Ende
AP1	0/100	12.000	12.000	12.000	02.05.	20.05.	02.05.	20.05.
AP2	20/80	900	-	4.500	4.05.	22.05.	04.05.	offen
AP3	50/50	4.000	4.000	8.000	20.05.	02.07.	20.05.	offen
AP4	0/100	-	-	2.340	25.05.	01.08.	20.05.	offen
AP5	20/80	312	1.560	1.560	26.05.	15.06.	26.05.	15.06.
		17.212	17.560	28.400				

Die Erfassung des Fertigstellungsgrads ist direkt verbunden mit der Pflege bzw. Aktualisierung der entsprechend zugrundeliegenden Daten. In internationalen Projekten muss der Projektleiter eine große Sensibilität dafür entwickeln, ob die Informationen über Projektstände der Wirklichkeit entsprechen.

Projektstatusbericht ⬇

Anhand des Statusberichts wird für den Projektleiter und die -mitglieder auf einen Blick der aktuelle Stand des Projekts klar.

Projektstatusbericht			
Projektbezeichnung:			
Projektleiter:		Telefon:	
Abteilung:		Projekt-Nr.	
☐ Projektstatusbericht		Verfasser:	
☐ Meilensteinbericht		Unterschrift	
Berichtszeitraum:	von: bis:		
Status des Projekts:	☐ kritisch (Ziele / Anforderungen nicht erfüllt) ☐ teilweise kritisch (Ziele / Anforderungen zum Teil nicht erfüllt) ☐ planmäßig (Ziele / Anforderungen erfüllt)		
Status Inhalt / Qualität:			
Status Termine:			
Status Kosten:			
Besonderheiten:			
Notwendige Entscheidungen:			
Was?	Wie / Wer?	Bis wann?	

Formular für einen Projektstatusbericht

Projektsteuerung und -überwachung

Die Projektsteuerung und -überwachung kann als Regelkreis verstanden werden. Die einzelnen Elemente sind in einem hohen Maße miteinander vernetzt, wie die folgende Abbildung zeigt. Dabei werden unter Projektsteuerung alle Arbeitsschritte und Aktivitäten verstanden, die im Projekt selber durchgeführt und entschieden werden. Die Projektkontrolle ist als Controlling seitens des Lenkungsausschusses zu verstehen. Die enge Vernetzung von Projektsteuerung und -kontrolle sorgt für maximale Transparenz und ein schnelles Gegensteuern beim Auftreten von Faktoren, die die Projektrealisierung gefährden könnten.

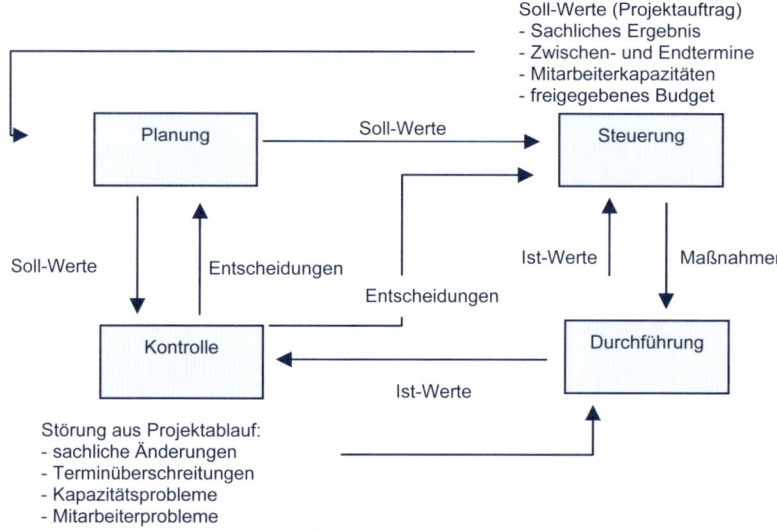

Regelkreis der Projektsteuerung und -überwachung
(Quelle: H. D. Litke, Projektmanagement, München 2005)

4 Internationale Teams führen

Der Star ist die Mannschaft! Ein erfolgreich arbeitendes Projektteam ist Ihr Kapital. Internationale Projekte zeichnen sich durch eine besondere Komplexität der Aufgaben aus. Dazu kommen regionale und interkulturelle Einflüsse, die Sie als Projektleiter genauso wie Ihr Team fordern. Zusätzlich ist da noch die Entfernung, die Sie für persönliche Gespräche erst einmal überwinden müssen. Trotz dieser erschwerten Bedingungen haben Sie gute Möglichkeiten, die Mannschaft zu formen und so ein Spitzenteam zu leiten.

Sie sollten sich dabei von folgenden Fragen leiten lassen:

- Wie bekomme ich den richtigen Drive ins Projektteam?
- Wie gestalte ich die Kommunikation und Information im Team?
- Wie steuere ich virtuelle Teams, die an verschiedenen Orten in verschiedenen Zeitzonen arbeiten?
- Wie übernehme ich die Führung in internationalen Projekten?
- Was tue ich, wenn Konflikten in internationalen Teams auftreten?

Die Antworten auf diese Fragen finden Sie im folgenden Kapitel.

Den Kick-Off geben – (k)eine Frage der Kultur?

Jan Peters ist Procurement Manager für den deutschen Markt in der Holding eines internationalen Maschinenbaukonzerns mit Sitz in München. Vom Vorstand der Holding hat er den Projektauftrag erhalten, eine globale Procurement-Strategie unter Einbindung der lokalen Märkte zu entwickeln. Ziel ist unter anderem eine Bündelung der Lieferanten sowie die Absprache bei Bestellmengen, um höhere Rabatte auszuhandeln. Die Mitglieder des Projektteams stammen aus den Tochterunternehmen in Deutschland, den Niederlanden, Polen, Irland, Italien, den USA und Mexiko.

Jan Peters bittet zunächst den CEO der Holding, die Manager der betroffenen Tochterunternehmen über das Projekt zu informieren. Dann schickt er eine E-Mail an die Procurement Manager und lädt sie zu einem Kick-Off-Meeting nach München ein. Die Reaktionen auf die Einladung fallen sehr unterschiedlich aus: Die Procurement Manager aus Deutschland, Irland und den USA sagen dem Meeting spontan zu. Die übrigen Manager müssen den Termin erst mühsam mit dem heimischen Management abstimmen. Gonzales Valdes aus Mexico stellt sich quer. Noch hat er nicht definitiv zugesagt, da er keinen direkten Nutzen für sich sehe. Und auch die Reisekosten stünden in keinem Verhältnis zu den zu erwartenden Ergebnissen.

Nun plant Jan Peters das Kick-Off-Meeting. Er weiß, dass er zunächst die Procurement Manager auf das Vorhaben einstimmen muss. Wie kann es ihm gelingen, dass sich nach dem Kick-Off alle dem Projekterfolg verpflichtet fühlen? Wie soll er damit umgehen, wenn Gonzales Valdes nicht anreist?

Wege zur Lösung

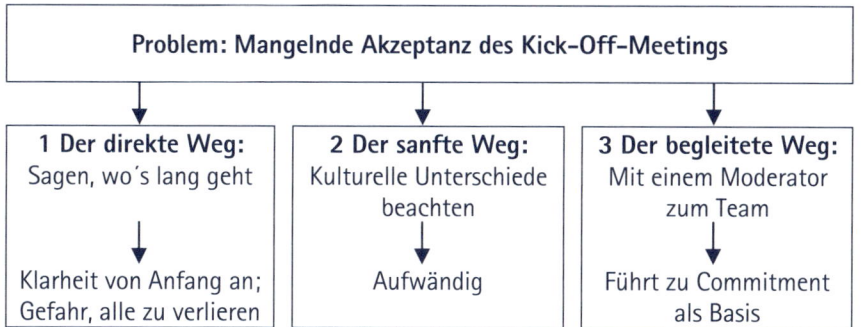

Problem: Mangelnde Akzeptanz des Kick-Off-Meetings		
1 Der direkte Weg: Sagen, wo´s lang geht	**2 Der sanfte Weg:** Kulturelle Unterschiede beachten	**3 Der begleitete Weg:** Mit einem Moderator zum Team
Klarheit von Anfang an; Gefahr, alle zu verlieren	Aufwändig	Führt zu Commitment als Basis

1 Der direkte Weg: Sagen, wo's langgeht

Sind Sie nicht als Projektleiter eingesetzt worden, weil Sie Führungsqualitäten haben? Natürlich, sagen Sie. Und deswegen sollten Sie dies auch sichtbar machen. Gerade zu Beginn eines Projekts braucht das Projektteam schließlich Orientierung und klare Regeln, wie mit Informationen etc. zu verfahren ist. Gerade wenn Sie für eine deutsche Firma arbeiten, sind Klarheit und Präzision Werte, die erwartet werden, denken Sie. Sie könnten daher das Meeting wie folgt gestalten:

- Dauer des Kick-Off: 1 ½ Tage, Beginn am Donnerstag um 11:00 Uhr und Ende am Freitag um 15:00 Uhr, so dass die europäischen Kollegen taggleich an- und wieder abreisen können. Dies ist auch, je nach Flugplan, für die Kollegen aus den USA und Mexiko möglich.

- Als Veranstaltungsort wählen Sie einen Konferenzraum mit Tischen in U-Form.

- Starten Sie, nach einer kleinen Vorstellungsrunde, mit der Erläuterung einer straff gehaltenen Agenda.

- Stellen Sie danach mit einer professionell erstellten zweistündigen Powerpoint-Präsentation die Ausgangslage des Projekts, den Projektauftrag, den Projektstrukturplan sowie die sich daraus ergebenden Arbeitspakete vor.

Dies nimmt den gesamten Nachmittag des ersten Tages in Anspruch. Das gemeinsame Abendessen ist eine gute Gelegenheit, dass Ihr CEO die Projektteammitglieder kennenlernt. Im direkten Anschluss an das Abendessen bietet ein Kamingespräch „Q & As to board member" den Teilnehmern eine gute Gelegenheit, über die strategisch-politische Bedeutung des Projekts zu sprechen.

Am nächsten Tag erläutern Sie den Projektstrukturplan und die Arbeitspakete im Detail und klären fachliche Fragen. Um Ihre Rolle als Projektleiter zu unterstreichen, haben Sie ein Handout für die Teammitglieder mit den nötigen Regularien, organisatorischen Dingen (Intranetplattform, Passwords etc.) und Abstimmungsregeln der Projektarbeit erstellt. Zum Ende der Veranstaltung erfragen Sie in einer kurzen Feedbackrunde, ob es noch offene Fragen gibt und ob heute vorgestellten Informationen verständlich waren. Falls ein Mitglied des Projektteams nicht am Kick-Off anwesend sein sollte, schicken Sie ihm die Unterlagen im Nachhinein zu und weisen es darauf hin, dass diese Unterlagen verbindlich sind.

 PRO

Qualität: Sie können sich sicher sein, dass Sie bei der Weitergabe der relevanten Informationen nichts vergessen haben; ob das aber genügt, um die Arbeit im Projektteam erfolgreich zu gestalten, ist anzuzweifeln.

Termine: Eigentlich kann nichts schiefgehen, die Regeln sind klar definiert – von Ihnen. Ob das die Mitglieder im Projektteam aber auch so sehen, bleibt abzuwarten.

 CONTRA

Kosten: Bei dieser Art der Durchführung eines Kick-Off-Meetings stellt sich die Frage: Lohnt sich der Aufwand? Die Charts zum Projekt und die anderen Informationen hätten Sie auch bequem per Mail versenden können. Dann hätten die Projektmitglieder allerdings auf das Kamingespräch mit dem CEO verzichten müssen.

Fazit: Wann dieser Weg Erfolg verspricht

Ein Kick-Off-Meeting wie in Weg 1 geschildert, sieht ziemlich deutsch aus und ist daher für internationale Teams nur wenig geeignet: Das Treffen läuft präzise ab, alle nötigen Informationen werden gegeben. Zeit und Raum zum Kennenlernen der Projektmitglieder, zur Diskussion von Aspekten oder dem gemeinsamen Abstimmen von Abläufen bleibt aber hier nicht. Frust scheint vorprogrammiert, insbesondere bei den Projektmitgliedern aus den USA, Irland und Italien, die über eine hohe Ausprägung in der Kulturdimension „Individualismus" verfügen und sich gerne selbst einbringen möchten. Einige Elemente sorgen im positiven Sinne für Klarheit: Eine Agenda und eine nicht zu lange Präsentation geben Orientierung über den Projektauftrag. Auch ein Kamingespräch ist eine gute Gelegenheit, in Kontakt mit bisher nicht bekannten Führungskräften zu kommen.

2 Der sanfte Weg: Kulturelle Unterschiede beachten

Ein Projektteam aus mindestens sechs unterschiedlichen Nationen ist eine Herausforderung für jeden Projektleiter. Schon in rein mononationalen Teams bestätigt sich oft die rheinische Erkenntnis, dass jeder Jeck anders ist. Ein Blick auf die unterschiedlichen Kulturdimensionen im Vorfeld eines Kick-Off-Meetings hilft Ihnen als Projektleiter, Ihre Mitarbeiter „da abzuholen, wo sie stehen" und aus der Vielfalt ein gemeinsames Team zu schmieden. Was haben Sie vor im Kick-Off-Meeting? Natürlich geht es um

- Klarheit über den Projektauftrag und das Verständnis der dahinter liegenden Vision
- Information über die Struktur des Projekts und die sich daraus ergebenden Arbeitspakete
- Schaffung von Akzeptanz für Regeln der Zusammenarbeit, der Informationsweitergabe und des Umgangs miteinander
- das Festlegen von Eskalationswegen, falls die Dinge drohen, aus dem Ruder zu laufen

Neben diesen Punkten sollte der Aufbau von Vertrauen der Mitglieder des Projektteams untereinander ein wichtiger Baustein des Meetings sein. Auch hier hilft Ihnen die Auseinandersetzung mit den Kulturdimensionen. In Kulturen, die individualistisch geprägt sind (z. B. Deutschland, Irland, USA), wird das Vertrauen sich während der Zusammenarbeit bilden. Die Teammitglieder werden sich in der Anfangsphase einen Vertrauensbonus gewähren. In Ländern, die eher kollektivistisch geprägt sind (z. B. Mexiko, China, Pakistan) ist Vertrauen eng mit persönlichen Beziehungen verbunden. Sie können diesem Aspekt als Projektleiter Rechnung tragen, indem Sie am Abend des Kick-Off eine gemeinsame Freizeitaktivität unternehmen, etwa Bowling o. Ä.

Entscheidend für das Zusammenfinden des Teams und Ihre Rolle als Teamleiter ist die Dimension der Machtdistanz. Deutschland, USA und Irland zeichnen sich durch eine geringere Machtdistanz aus. Zur Erinnerung: Machtdistanz bezeichnet die emotionale Distanz zwischen Vorgesetzten und Mitarbeitern. Das bedeutet für das Kick-Off Meeting, dass sich die Teilnehmer untereinander finden werden und Sie sich als Projektleiter locker geben können. Polen und Mexiko haben eine höhere Machtdistanz. Das bedeutet, dass es eine klare Erwartung an Sie als Projektleiter (und Ihr Auftreten) gibt. Geben Sie sich hier bewusst locker, kann das Ihre Führungsrolle gefährden. Das kann auch bedeuten, dass Sie vor und nach dem Kick-Off-Meeting mit den Managern der Teilnehmer sprechen müssen, um den erarbeiteten Ergebnissen die nötige Verbindlichkeit zu verleihen. In manchen Fällen wird es dabei auch darum gehen, die Manager aus Kulturen mit großer Machtdistanz von der Teilnahme ihrer Mitarbeiter zu überzeugen.

 VORSICHT BOMBE!

Informationen sind eine Holschuld – diesen Satz hört man in unseren Breitengraden immer wieder. Er gilt allerdings nur für Kulturen mit einer geringen Machtdistanz, da es hier keine Hemmungen gibt, vom Management aktiv Informationen einzufordern. In Kulturen mit einer hohen Machtdistanz (z. B. China, Mexiko, Arabische Welt, Indien) ist Information als eine Bringschuld zu verstehen und daher eine Managementaufgabe.

So entschärfen Sie die Bombe
1   Machen Sie sich als Projektleiter klar, dass andere Kulturen einen anderen Umgang mit Macht haben.
2   Informieren Sie Mitarbeiter aus Ländern mit hoher Machtdistanz bewusst aktiv.
3   Sie finden als Projektleiter nur dann die nötige Akzeptanz, wenn Sie bewusst als Chef des Projekts wahrgenommen werden.

Qualität: Wenn Sie die kulturellen Unterschiede der Projektmitglieder im Auge behalten, wird Ihnen deutlicher, welche Wege der Kommunikation bzw. Motivation Sie gehen müssen, um die von Ihnen gewünschte Qualität zu erhalten.

Karriere: Wenn es Ihnen gelingt, aus den unterschiedlichen Menschen ein schlagkräftiges Projektteam zu bilden, wird sich das auf Ihre interkulturelle Kompetenz auswirken und Sie für weitere Projekte empfehlen.

CONTRA

Kosten: Wie Sie es auch drehen und wenden – das Kick-Off-Meeting kostet eine Menge Geld, ist aber eine Investition, die sich im Laufe des Projekts auszahlen wird.

Fazit: Wann dieser Weg Erfolg verspricht

Der Blick auf die kulturspezifischen Hintergründe der Menschen, mit denen Sie zusammenarbeiten, ist immer sehr hilfreich. Achten Sie allerdings darauf, dass Sie nicht irgendwelchen Stereotypen oder Vorurteilen verfallen. Die Schwierigkeit wird immer sein, alle Kulturen unter einen Hut zu bekommen. Sie können dies im Kick-Off-Meeting zum Thema machen und als Einführung einen Input zu den unterschiedlichen Kulturdimensionen geben. Wenn Sie dann die Teilnehmer in kleinen Arbeitsgruppen diskutieren lassen, wie sich bestimmte Aspekte von Projektarbeit in den unterschiedlichen Ländern zeigen, trägt das für alle zum Verständnis und Kennenlernen bei. Eines ist klar: Internationale Teams verlangen vom Projektleiter ein wesentlich flexibleres Vorgehen.

3 Der begleitete Weg: Mit einem Moderator zum Team

Im Kick-Off-Meeting geht es darum, den Drive für das Projekt zu entwickeln. Dabei finden Sie sich als Projektleiter oft in einer Doppelrolle wieder: Einerseits sind Sie in der Führungsrolle, andererseits aber auch Teil des Teams. Verschärfend kann hinzukommen, dass Sie als Mitarbeiter der Holding mit den üblichen Zentrale-Vorbehalten umzugehen haben. Das ist in nahezu allen Fällen so. Zusätzlich zum beschriebenen „sanften Weg" ist es daher eine gute Idee, sich zu entlasten und einen Moderator für die methodische Gestaltung des Kick-Off zu engagieren. Der Moderator übernimmt die methodische Leitung der Veranstaltung und Sie können sich inhaltlich mit einbringen. Ein weiteres Argument für die Durchführung des Kick-Off mit einem Moderator ist, dass zusätzlich – je nach Situation – noch besser bestimmte Teamübungen oder sonstige aktivierende Elemente eingesetzt werden können, die die Arbeitsfähigkeit und das gegenseitige Verständnis erhöhen sowie zusätzlich für Spaß und Auflockerung sorgen. So können Sie sich auch an den Teamübungen beteiligen und werden nicht in der „Doppelrolle" erlebt. Allerdings ist zu Beginn eine klare Rollendefinition Ihrerseits nötig, damit den Kick-Off-Teilnehmern zu jeder Zeit klar und transparent ist, welche Rolle Sie innehaben. Der Moderator sollte Erfahrung in der Arbeit mit internationalen Teams haben, damit er auch die kulturellen Aspekte in die Gestaltung mit einbringen kann.

In Ergänzung zum oben beschriebenen Weg 2 sollte der Kick-Off-Workshop auf jeden Fall die folgenden Elemente beinhalten:

- Intensive Vorstellungsrunde der Teilnehmer (z. B. mit einem aktivierenden Element: Jeder sagt ein Gedicht aus seiner Heimat in seiner Landessprache auf)

- Klärung der gegenseitigen Erwartungen an das Meeting.

- Input über die Besonderheiten der Zusammenarbeit in interkulturellen Kontexten

- Unternehmensstrategie als Ausgangspunkt des Projekts

- Intensive Vorstellung des Projekts mit der Möglichkeit des Hinterfragens durch die Projektmitglieder

- Intensive Zeit für den Austausch

- Interaktives Festlegen von Kommunikations- und Informationsregeln im Projekt sowie Eskalationsstrategien

- Nach Möglichkeit eine interaktive Übung zum Aufbau von Teamkultur

- Ein interessantes Abendprogramm zur Auflockerung

Ein Ritual am Ende des Kick-Off-Meetings, wie das gemeinsame Unterschreiben der erarbeiteten Kommunikationsregeln (siehe Tool „Kommunikation in internationalen Teams", S. 166), stärkt das Zusammenhörigkeitsgefühl. Wenn

Sie, gemeinsam mit dem Moderator, eine gute Mischung aus Input, Interaktivität und Socialising herstellen, steht einem gelungenen Kick-Off-Meeting mit nachhaltigen Auswirkungen für den Gesamtprojektablauf nichts im Wege. So geben Sie sich und dem Team eine gute Chance, sich zu entwickeln.

VORSICHT BOMBE!

„Wir sollten offen miteinander reden" – so lautet oft der Wunsch von deutschen und niederländischen Projektleitern. Und tatsächlich kommunizieren die Deutschen und die Niederländer am direktesten. Im Fokus der Kulturdimensionen liegt das an der stark ausgeprägten Dimension der Individualität in Verbindung mit der geringen Machtdistanz. Die direkte Kommunikation kann jedoch kollektivistische Kulturen abschrecken. Daher können sich z. B. Chinesen, Pakistaner oder Mexikaner dadurch auszeichnen, dass sie zurückhaltend in Meetings sind. Hier gilt oft: Das Wichtigste wird nicht gesagt – und dann bedeutet Schweigen nicht unbedingt Zustimmung.

So entschärfen Sie die Bombe
1 Verlangen Sie keine direkten Statements oder Positionen.
2 Achten Sie bei der Einteilung von Arbeitsgruppen darauf, dass Mitglieder kollektivistischer Kulturen in einer Arbeitsgruppe zusammenarbeiten.
3 Stärken Sie das Wir-Gefühl, z. B. mit einer Teamübung.
4 Achten Sie darauf, nicht zu direkt zu kommunizieren.

PRO

Qualität, Kosten, Termine: Je klarer das Projekt im Kick-Off-Meeting positioniert wird und je besser sich das Projektteam eingeschworen fühlt, desto stärker wird sich das auf die Eckpunkte eines jeden Projekts auswirken.

Karriere: Je stärker und transparenter Sie Ihre Rolle im Kick-Off positionieren, umso erfolgreicher werden Sie das Projekt leiten und steuern.

CONTRA

Kosten: Das Engagement eines professionellen Moderators verursacht zusätzliche Kosten, die sich allerdings im Laufe des Projekts bezahlt machen.

Fazit: Wann dieser Weg Erfolg verspricht

Dieser Weg gibt dem Projekt an sich und den daran beteiligten Menschen genügend Raum und Möglichkeiten, sich aktiv einzubringen. Die Begleitung durch einen Moderator entlastet Sie als Projektleiter. Sie können sich ins Thema einbringen, ohne der Gefahr ausgesetzt zu sein, in einen Rollenkonflikt zu geraten. Der Moderator muss allerdings Erfahrung in der interkulturellen Zusammenarbeit haben, um aktivierende Elemente passend zur Gruppe und Gruppensituation einsetzen zu können.

Unser Weg: Moderierter Workshop mit Flair – so sind wir vorgegangen

Jan Peters hat zunächst über seinen Vorgesetzten den mexikanischen CEO anrufen lassen und so der Wichtigkeit der Teilnahme von Gonzales Valdes Nachdruck verliehen. In zwei intensiven Vorgesprächen mit mir als einem externen Moderator wurde das Kick-Off-Meeting intensiv vorbereitet. Es wurde bewusst ein Hotel in Garmisch-Partenkirchen ausgewählt, um den ausländischen Teilnehmern ein wenig Alpenflair und Atmosphäre zu vermitteln. Das Kick-Off-Meeting begann am Vorabend mit einer Vorstellungsrunde und einem guten Abendessen. Über einen geschickten methodischen Mix aus Präsentations- und Interaktionselementen gelang es mir als Moderator, die Projektteammitglieder sowohl für den strategischen Projektauftrag ins Boot zu holen als auch ein gutes Klima des Miteinanders zu entwickeln. Insbesondere die Teamübung „Vision Web™" (siehe Tool S. 173) verdeutlichte die Mechanismen erfolgreicher Projektarbeit. Vision Web ist eine Übung, die sehr schön deutlich macht, wie sich ein Team untereinander koordinieren muss, um eine Aufgabe zu lösen, in welchen Phasen eine Projektleitung nötig und sinnvoll ist und wann nicht. Sie wurde von den Teilnehmern begeistert aufgenommen.

1   Das Kick-Off-Meeting ist ein unverzichtbarer Teil des Projektstarts im Team.

2   Alle Projektteammitglieder müssen anwesend sein.

3   Unterschiede zwischen Kulturen sind Realität – beachten Sie diese und nutzen Sie interkulturelles Wissen zum Aufbau von Vertrauen.

4   Achten Sie auf Ihre verbalen und nonverbalen Kommunikationssignale – wie werden Sie verstanden?

5   Geben Sie im Kick-Off genügend Raum zur Mitgestaltung durch die Projektmitglieder.

4

Viele Arten zu kommunizieren – wie Sie sie zusammenbringen

 DAS SZENARIO

Susanne Kleiner ist als Projektmanagerin in einer Consultingfirma für die Entwicklung von IT-Systemen verantwortlich. Für die Public Transportation Company in Casablanca (Marokko) hat Susanne Kleiners Firma einen größeren Auftrag akquiriert. Es geht um Softwareentwicklung, Implementierung und Schulung der Mitarbeiter. Die Entwicklung der Software findet gemeinsam mit einem Schweizer Partnerunternehmen statt. In Casablanca gehören fünf Mitarbeiter der Public Transport Company dem Projektteam an. Vor Ort hat sie einen deutschen Kollegen als Projektkoordinator eingesetzt. Das Projekt ist vor zwei Monaten gestartet. Nach anfänglicher Skepsis der marokkanischen Kollegen gegenüber Susanne Kleiner als weiblicher Projektleiterin sind die ersten Schritte getan. Allerdings hapert es noch erheblich mit dem Kommunikations- und Informationsfluss: E-Mails werden nicht gelesen, notwendige Informationen nicht zeitnah weitergegeben und die abgestimmten Kommunikationswege nicht eingehalten. Die sich daraus ergebenden Probleme haben bei der Schweizer Firma zu erheblichen Mehrkosten geführt, da aufgrund von unklaren Informationen Teile der Software anders programmiert wurden als geplant. Jetzt muss Susanne Kleiner handeln, damit nicht weitere Kosten aufgrund von unklarer Kommunikation entstehen. Doch wie?

Wege zur Lösung

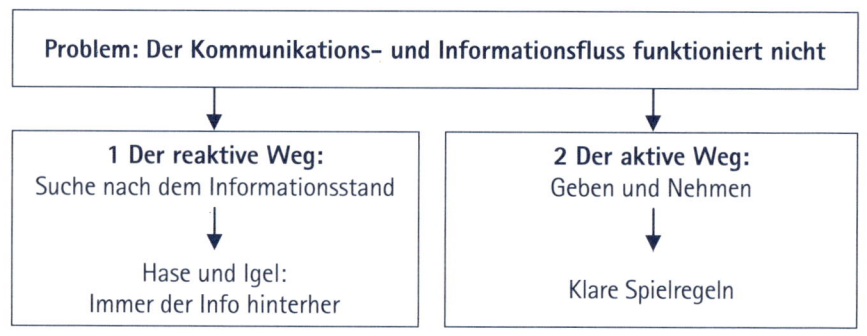

1 Der reaktive Weg: Suche nach dem Informationsstand

Der richtige Fluss von Informationen ist *der* Erfolgsfaktor im Projektmanagement. Doch was können Sie tun, wenn die Informationen nicht fließen, Deadlines nicht eingehalten werden oder die Projektberichte und Gesprächsprotokolle nicht absprachegemäß ausgefüllt bzw. eingesetzt werden? Sie können Ihre Führungsqualitäten und Ihre Hartnäckigkeit unter Beweis stellen und eine „Reagierer-Rolle" einnehmen. Reagieren Sie sofort, wenn Deadlines nicht eingehalten werden, per E-Mail. Fordern Sie aktiv die Projektzwischenstände ein und informieren Sie lieber zweimal zu viel als einmal zu wenig. Ihre Mitarbeiter werden sich sehr schnell daran gewöhnen, dass Sie in die Rolle des Kümmerers schlüpfen. Und genau das macht es den Projektmitgliedern einfach: Sie wissen, Sie stehen im Hintergrund und achten darauf, das niemandem irgendetwas durch die Lappen geht.

Bevor Sie reagieren, sollten Sie aber die Ursachen für die gestörte Kommunikation herausfinden. Die Ursachenanalyse ist die Grundlage für die nächsten Schritte. Folgende Fragestellungen helfen Ihnen bei der Analyse:

- Sind die aufgestellten Regeln für jeden klar? (siehe Tool „Kommunikation in internationalen Teams" auf S. 166)
- Wo, wann und zwischen wem kommt es häufig zu Reibungsverlusten?
- Wie ist der Projektkoordinator vor Ort in das Team eingebunden?
- Haben alle Mitarbeiter des Projektteams Zugang zu den Kommunikationsmedien?
- Können alle Mitarbeiter die Kommunikationsinstrumente benutzen, insbesondere intranetbasierte Portale, Datenbanken, Ordnerstrukturen?
- Können alle Mitarbeiter die Projektsprache verstehen und sprechen?
- Liegt der Grund für den Sand im Getriebe an interkulturellen Hintergründen? So haben Mitarbeiter aus kollektivistischen Kulturen (z. B. Marokko) die Erwartung an den Manager, dass dieser aktiv alle Mitglieder informiert.
- Wie nutze ich die gewonnenen Informationen, um die Schwachstellen in der Information und Kommunikation zu beseitigen? Sind die Ergebnisse Gegenstand des nächsten Projektmeetings und werden neue Vereinbarungen festgelegt?

PRO

Termine und Qualität: Wenn Sie die Rolle des Kümmerers eingenommen haben, kann eigentlich in Bezug auf Termine nichts schiefgehen. Sie erinnern die Mitarbeiter im Projekt rechtzeitig an die Erfüllung ihrer Aufgaben und haken aktiv nach. Falls die Qualität nicht den Erwartungen entspricht – die Mitarbeiter haben ja Sie als Korrektiv. Paradiesische Zustände im Projekt!

 CONTRA

Karriere: Wenn Ihr Projektleiterverhalten sich nur darin zeigt, dass Sie Ihrem Team hinterherlaufen, wird man sich schon bald die Frage nach Ihren Delegations- und Steuerungskompetenzen stellen.

Fazit: Wann dieser Weg Erfolg verspricht

Die Rolle des Kümmerers einzunehmen, ist auf Dauer nicht das, was Sie als Projektleiter tun sollten. Allerdings gibt es Situationen, in denen Sie nicht darum herum kommen. Haben Sie es mit einem unerfahrenen Projektteam zu tun, geben Sie durch Ihren Einsatz gleichzeitig ein Stück Orientierung. In manchen internationalen Kontexten –in Ländern mit einer hohen Machtdistanz – wird sogar von Ihnen erwartet, dass Sie zunächst in der Rolle des Kümmerers auftreten. Manchmal erfordern Projektsituationen auch schnelle Entscheidungen, z. B. wenn kurzfristig Probleme gelöst werden müssen. Wichtig ist jedoch, dass dies nicht zum Dauerzustand wird – dann könnten Sie ja gleich alles alleine machen.

2 Der aktive Weg: Geben und Nehmen

Informationen werden über reibungslose Kommunikationswege schnell und zielgerichtet weitergegeben und stehen somit allen Projektmitgliedern passgenau zur Verfügung. Sie benötigen als guter Projektleiter stets einen aktuellen Stand über die einzelnen Arbeitspakete, brauchen ein Frühwarnsystem und informieren zeitnah das Team, wenn es Relevantes zu berichten gibt. Der Weg der Kommunikation ist also keine Einbahnstraße, sondern mehr ein Netz von Straßen und Kreuzungen, das beidseitig befahrbar ist. Klären Sie daher im Team, wie die Kommunikation stattfinden soll. Hilfreich sind dabei folgende Fragen:

- Wann ist es sinnvoll, Fax, E-Mail, eine Telefonkonferenz, Videokonferenz oder ein „Pinboard" auf der Internetplattform zu nutzen?
- Wie lauten die Vereinbarungen zu den Reaktionszeiten (z. B. mindestens zweimal am Tag wird die Mailbox abgehört und spätestens 12 Stunden nach dem Anruf erfolgt eine Reaktion)?
- Wie wird die Erreichbarkeit im Projektteam sichergestellt: Werden Telefone umgeleitet? Wie wird die Mailbox besprochen? Was wird bei Abwesenheit in den „out of office reply" des Maileinganges eingestellt?
- Welche Regeln sind in Zusammenhang mit E-Mails sinnvoll (z. B. cc an alle Projektteilnehmer)?

Klarheit und Transparenz sind auch bei der Nutzung der Informationswege wichtig:

- Wann und wie werden die Projektberichte ausgefüllt?
- Wo werden diese in der Ordnerstruktur des Netzwerkes abgelegt?
- In welchem Zeitraum nach einem Meeting werden Protokolle erstellt?
- Wann und wie erfolgt die Information an den Projektleiter bei auftretenden Problemen (z. B. Eskalationsstufen)?
- Wie wird mit entscheidungsrelevanten Informationen umgegangen (z. B. wenn 24 Stunden nach Eingang der Info keine andere Nachricht vorliegt, gilt die Entscheidung als angenommen)?

Reservieren Sie in Projektsitzungen (auch bei Telefon- und Videokonferenzen) ein festes Zeitfenster dafür, dass alle Beteiligten – inklusive Ihnen – ihre Erfahrungen mit Informationen und Kommunikation schildern. Achten Sie bei der Implementierung der Regeln darauf, dass alle Projektmitglieder diese mittragen. Beachten Sie auch interkulturelle Unterschiede. Typische Fragestellungen sind hier:

- Bestehen die gleichen Vorstellungen über das direkte und offene Ansprechen von kritischen Punkten?
- Wird der Austausch von Informationen als Gewinn für das gesamte Projektteam verstanden oder werden Informationen zur persönlichen Profilierung genutzt?

Falls es zu Abstimmungsschwierigkeiten kommt, springen Sie nur im äußersten Notfall als Feuerwehrmann ein, hinterfragen Sie, aus welchem Grund die Schwierigkeiten aufgetreten sind und erarbeiten Sie gemeinsam mit den Beteiligten eine Lösung.

 PRO

Karriere: Wie Sie Informations- und Kommunikationswege gestalten, sagt viel über Ihre Führungsqualitäten aus. Ein partizipativer Stil – unter Beachtung interkultureller Besonderheiten – wird zu einer erhöhten Motivation Ihrer Mitarbeiter im Projekt führen.

 CONTRA

Termine: Die Eigenverantwortung der Mitarbeiter erfordert ein wenig Geduld Ihrerseits. Vielleicht ist es im Sinne des „Lernens" schon mal notwendig, einen Termin bewusst gegen die Wand fahren zu lassen und nicht einzugreifen. Wägen Sie Chance und Risiko dabei genau ab.

Fazit: Wann dieser Weg Erfolg verspricht

Wenn Ihr Verständnis von Projektleitung auf dem Grundsatz beruht, informieren und kommunizieren sei ein Geben und Nehmen und Sie gerne Mitarbeiter aktiv einbinden, wird dieser Weg grundsätzlich erfolgreicher als der reaktive Weg sein. Dies gilt insbesondere für Unternehmen bzw. Projekte, für die eine geringe Machtdistanz und ein stark ausgeprägter Individualismus typisch sind, so z. B. in US- amerikanischen, deutschen, niederländischen und skandinavischen Kulturen. Die Herausforderung für Sie als Projektleiter in Kulturen mit großer Machtdistanz besteht darin zu vermitteln, dass Ihre

„Einladung", Kommunikation aktiv zu gestalten, ernst gemeint ist und Ihre „Macht" als Projektleiter nicht in Frage stellt.

Unser Weg: Erfahrungsaustausch mit dem Team – so sind wir vorgegangen

Nach einem ausführlichen Gespräch mit mir hat Susanne Kleiner zunächst mit den marokkanischen Kollegen in Telefonaten die bisherigen Erfahrungen besprochen, dann an die Vereinbarungen aus dem Kick-Off erinnert und erläutert, dass sie das Thema „Kommunikation" im Rahmen des nächsten Meetings in Casablanca ansprechen werde.

In einer kurzen moderierten Einheit erhielt dort jeder Projektteilnehmer die Gelegenheit, die Erfahrungen zu äußern. Gemeinsam wurden kleine Änderungen vereinbart. Dazu bereitete sie ein zweispaltiges Flipchart vor; sie verteilte an die Projektmitglieder jeweils rote und grüne Pinnkarten. Auf die grünen Karten schrieben die Projektmitglieder, was im Projekt in Bezug auf Kommunikation und Information rund läuft und auf die roten Karten, was noch zu verbessern ist. Nach anfänglicher Skepsis wurden ehrliche Antworten auf die Karten geschrieben und konkrete Vereinbarungen zur Verbesserung entwickelt.

KLARTEXT: KOMMUNIKATION UND INFORMATION IM TEAM

1 Sorgen Sie für klare Vereinbarungen zur Kommunikation und Information im Team.
2 Beachten Sie, dass „Holschuld" und „Bringschuld" von Informationen eine Frage der Kultur sind.
3 Wenn etwas nicht rund läuft in der Kommunikation – sprechen Sie es direkt an.
4 Lassen Sie es „menscheln": Nehmen Sie sich Zeit für Gespräche und Kontakte mit Ihren Teammitgliedern.

Virtuelle Teams ganz real steuern

Ein internationaler Pharmakonzern richtet sich strategisch komplett neu aus. Um die Mitarbeiter darauf einzustimmen, ist eine firmenweite Mindset-Veranstaltung geplant. Hier soll die neue Strategie anhand von Learning Maps vorgestellt werden. Auch sollen die Hintergründe und Absichten der Neuausrichtung sowie die Konsequenzen für die Mitarbeiter erarbeitet werden. Die Veranstaltung soll taggleich an 18 Standorten weltweit stattfinden. Bernd Wenner, Leiter des Inhouse Consulting im deutschen Headquarter, ist mit der Projektleitung beauftragt. Die Mitglieder seines Projektteams sitzen an 18 lokalen Standorten von Sydney über Shanghai bis San Diego. Wenner wird am deutschen Standort von fünf Mitarbeitern unterstützt. Über sie wird die gesamte Projektkoordination abgewickelt. Neben der inhaltlichen Adaption der Strategie auf die lokalen Märkte ist das Veranstaltungsmanagement eine große Herausforderung, da bis zu 300 Personen gleichzeitig pro Veranstaltungsort am Mindset teilnehmen. Ein gemeinsames Kick-Off ist aus organisatorischen und finanziellen Gründen undenkbar. Wie kann Bernd Wenner dieses weltweite Projektteam in Zukunft effektiv steuern?

Wege zur Lösung

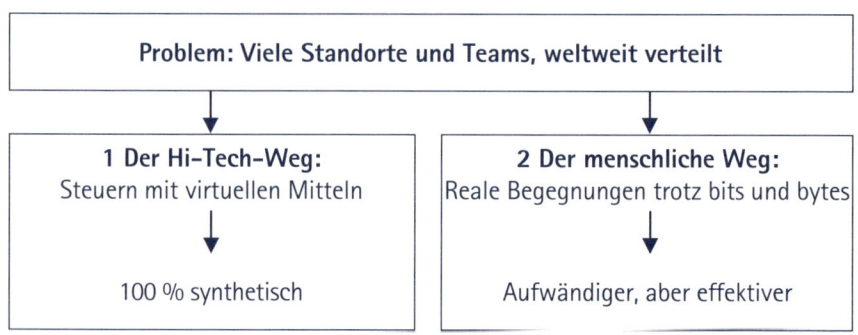

1 Der Hi-Tech-Weg: Steuern mit virtuellen Mitteln

Wenn Projektteams weltweit verteilt sind, heißt das für Sie als Projektleiter, diese über unterschiedliche Zeitzonen hinweg zu steuern. Es bedeutet aber auch, unterschiedlichste Kulturen unter einen Hut zu bekommen. Sie können sich zunächst fragen, was Teamarbeit grundsätzlich erfolgreich macht. Zwölf so genannte Teamfaktoren von Francis und Young (D. Francis, D. Young, Mehr Erfolg im Team, Hamburg 1998; siehe auch Tool auf S. 169) beschreiben anschaulich und pragmatisch, worauf es in erfolgreichen Teams ankommt. Kurz gefasst zeichnet sich ein erfolgreiches Team durch die folgenden Charakteristika aus:

- ein gemeinsames Ziel
- eine hohe Leistungsfähigkeit
- eine innere Dynamik („das Ganze ist mehr als die Summe seiner Teile")
- eine klare Struktur (Abläufe, Rollen und Aufgaben)
- ein besonderes Klima („Teamgeist")

4

Wie kann es Ihnen als Projektleiter gelingen, diese Erfolgsfaktoren von Teamarbeit in einem virtuellen Team zu implementieren? Medien unterstützen Sie dabei. Schaffen Sie also eine Plattform, in der eine zeit- und ortsunabhängige Kommunikation stattfinden kann. E-Mail, Fax, Voicemail, gemeinsam gepflegte Kalender und ein gemeinsam genutztes Laufwerk bieten die Möglichkeit, jederzeit den nötigen Informations- und Kommunikationsfluss zu gewährleisten. Telefon (auch mit Bildübertragung)- und Videokonferenzen sowie das synchrone Nutzen von intranetbasierten Inhalten sowie Chatrooms geben Ihnen als Projektleiter die Gelegenheit, direkt mit Ihren Projektteammitgliedern zu kommunizieren. An der Technik mangelt es also nicht. Daneben sind genaue Absprachen zur Nutzung der technischen Tools und Medien nötig. So könnten Sie zu Beginn des Projekts in zwei Videokonferenzen (jeweils für Ost und West) Ziel und Absicht des Projekts erläutern.

Die interkulturellen Herausforderungen bei der Schaffung einer offenen Kommunikation im Projektteam haben wir schon an zahlreichen Stellen dieses Buchs aufgezeigt. Machen Sie sich immer klar, ob die gewählte Vorgehensweise zur jeweiligen Kultur passt. In Ländern mit einer höheren

Machtdistanz kommen Sie nicht umhin, in der Startphase Präsenz zu zeigen, um Ihre Projektleiterrolle zu unterstreichen. Hier empfiehlt es sich, dass Sie zusätzlich einen Koordinator vor Ort einsetzen, gewissermaßen als Ihren Statthalter.

Die Technik unterstützt Sie – es kann allerdings sein, dass das virtuelle Projektteam auf dem Entwicklungsstand einer lockeren Arbeitsgruppe bleibt und sich kein Spirit für das Gesamtprojekt bildet. Die Distanz zwischen Ihnen und den Teilen des Teams bleibt bestehen. Achten Sie daher darauf, dass Sie Informationen an alle Teams und deren Mitglieder gleichmäßig verteilen – Gerüchte und Störfeuer treten schneller auf, als man denkt.

Die Bausteine einer erfolgreichen Steuerung virtueller Teams sind:

- verbindliche Planung
- die Gestaltung der Zusammenarbeit und Kommunikation
- Austauschforen über die Projektarbeit (z. B. im Chat)
- klare Führung durch den Projektleiter
- Kenntnis des persönlichen Nutzens auf Seiten der Projektmitglieder

Ein äußeres Zeichen der Gemeinsamkeit erzeugen Sie, indem Sie „Reminder" entwickeln, z. B. T-Shirts für die Teammitglieder oder Mousepads, Bildschirmschoner, Schreibblöcke mit dem Projektmotto erstellen lassen.

 VORSICHT BOMBE!

Die modernen Kommunikationswege bieten hervorragende Möglichkeiten, an verschiedenen Orten am gleichen Thema zu arbeiten. Allerdings findet die Kommunikation- mit Ausnahme der Videokonferenz – schwerpunktmäßig auf der verbalen Ebene statt. Daraus entstehen oft Missverständnisse, da in unterschiedlichen Kulturen ein unterschiedlicher Grad von Offenheit und Direktheit herrscht.

So entschärfen Sie die Bombe:

1 Achten Sie auf den Stil Ihrer E-Mails. Deutsche und Niederländer gelten als besonders direkt in ihrer Kommunikation.

2 Erläutern Sie kurz den Hintergrund Ihrer E-Mail und stellen Sie klar, aus welchem Grund Sie bestimmte Dinge benötigen.

3 Manche Sachverhalte lassen sich einfacher und direkter am Telefon klären.

Kosten: Der Einsatz moderner Informationstechnologien erspart erhebliche Reise- und Meetingkosten.

Karriere: Wenn Sie Ihre Fähigkeiten unter Beweis stellen, ein virtuelles weltweit operierendes Team zu steuern, kann das Ihrem Ruf nur gut tun.

Qualität: Bei aller Nutzung der Medien – wenn dabei der Teamgeist auf der Strecke bleibt oder gar nicht erst überspringt, wer wird sich dann ein Bein ausreißen, dass das Projekt auch wirklich *das* Projekt wird?

Fazit: Wann dieser Weg Erfolg verspricht

Eines ist klar: Anders als mit dem Einsatz der Technik ist ein weltweites Projekt heute gar nicht mehr zu bewältigen. Die Gefahren daraus erwachsen erst, wenn Sie sich als Projektleiter hinter der Technik verstecken und das Projekt dadurch sein Gesicht, seine persönliche Note verliert. Durch Ihren persönlichen Einsatz, sei es durch eine Reise vor Ort oder regelmäßige Videokonferenzen mit den einzelnen Standorten, kann es Ihnen gelingen, die Distanz zu überbrücken.

2 Der menschliche Weg: Reale Begegnungen trotz bits und bytes

Wenn die Mitglieder des virtuellen Teams einen gemeinsamen Teamspirit entwickeln, so entsteht im Projektteam eine höhere Motivation, als wenn die Dinge nur abgearbeitet werden. Eine motivierende Auftaktveranstaltung – ein Auf-die-Schiene-Setzen – ist gerade in virtuellen Kontexten wichtig. Dadurch können Sie neben Motivation auch Orientierung geben und der Projektarbeit einen eigenen Stempel aufdrücken. Ist das aus organisatorischen und unter kostentechnischen Gesichtspunkten nicht möglich, überlegen Sie, ob Sie Teile des gesamten Teams in regionale Auftaktmeetings, z. B. Asia/Pacific, Europe und USA/Mexico, zusammenfassen können. Geben Sie in diesen Meetings Zeit für gegenseitiges Kennenlernen. Erarbeiten Sie in diesem Meeting auch, wie es gelingen kann, in engem Kontakt mit den Projektteammitgliedern zu bleiben. Etablieren Sie ein Forum, in dem Erfolge schnell und transparent an alle Mitglieder mitgeteilt werden. Auch ein Forum „Lessons Learned" hilft dabei, Erfahrungen weiterzugeben. Ermuntern Sie die Teammitglieder zur Nutzung dieser Austauschplattformen. Achten Sie im Laufe des Projekts darauf, dass Sie allen Teams die gleiche Aufmerksamkeit schenken, sonst entsteht schnell ein Gefühl des Ungleichgewichts. Sehen Sie Ihre Rolle im virtuellen Team als Kontaktmanager. Dazu gehört es auch, zu bestimmten Phasen des Projekts persönlich vor Ort zu sein. Sehen Sie sich als Bindeglied zwischen Projektauftrag und den einzelnen Standorten. Kurz: Nutzen Sie die technischen Hilfsmittel zur Unterstützung Ihrer Rolle als Projektleiter, aber lassen Sie nicht die Technik die Projektleitung übernehmen.

 PRO

Qualität: Motivation und Begeisterung für das Projekt werden sich auf die Qualität der Ergebnisse auswirken. Durch die Kombination aus virtueller Teamarbeit und Ihrer Rolle als Projektleiter leisten Sie einen aktiven Beitrag zur Erhöhung der Leistungsfähigkeit des Teams.

Karriere: Wenn Sie ein hochmotiviertes Projektteam steuern, werden Ihre Mitarbeiter davon berichten. Was gibt es Schöneres als gute Mundpropaganda?

 CONTRA

Kosten: Trotz aller technischen Unterstützung werden Sie Präsenz zeigen und Reisekosten investieren müssen.

Fazit: Wann dieser Weg Erfolg verspricht

Das Geheimnis der virtuellen Teamarbeit besteht in der geschickten Gestaltung der Leiterrolle: Zu keiner Zeit die Fäden aus der Hand zu geben und klug zu entscheiden, wie viel Nähe und Distanz zu den einzelnen Teammitgliedern nötig ist. Hier spielen kulturelle Aspekte eine wichtige Rolle. Wie balancieren Sie Ihre Vorstellungen der virtuellen Teamarbeit mit den Erwartungen der Projektmitglieder aus? Wie schon mehrfach erwähnt, erwarten bestimmte Kulturen mit hoher Machtdistanz und hohem Kollektivismus ein

„Mehr" an Präsenz des Leiters. Machen Sie die Schritte, die Sie gehen, transparent und stellen Sie heraus, warum Sie diese gehen. Wenn Sie darüber hinaus die technischen Hilfsmittel nutzen, um eine reibungslose Kommunikation und Zusammenarbeit sicherzustellen, bleibt genügend Raum, um Ihre persönliche Handschrift wirken zu lassen. Überlegen Sie, wie Sie Ihre Präsenz sicherstellen und mit welchen Symbolen Sie Teamgeist erzeugen.

Unser Weg: Regionale Kick-Off-Meetings – so sind wir vorgegangen

Bernd Wenner schob auf meinen Tipp hin das Projekt in drei regionalen Kick-Off-Meetings an. So wurde ein Stück Teamgeist geschaffen, der sich später durch das Projekt zog. In wichtigen Phasen, so z. B. bei der Adaption der Gesamtstrategie auf die regionalen Märkte, lotete er mit viel Geschick aus, wo er persönlich anwesend sein musste. Besonders in China war dies ein entscheidender Faktor, da er dort die nötige Akzeptanz als Projektleiter nur durch sein persönliches Auftreten herstellen konnte. Die Videokonferenzen wurden eine wichtige Kommunikationsplattform – unterstützt dadurch, dass jeweils ein regionales Teammitglied einen inhaltlichen Part übernahm. Die Mind-Set-Veranstaltung wurde ein voller Erfolg. Durch die weltweit taggleich stattfindende Veranstaltung, die u. a. das Überbringen einer Videobotschaft von einem Standort zum anderen beinhaltete, ging ein riesiger Push durch den ganzen Konzern. Die virtuelle Teamarbeit hat daneben den Effekt, dass sich ein weltweites informelles Netzwerk innerhalb des Konzerns aufbaute und auf diese Weise viele Mitarbeiter auch über große Distanzen „zusammengerückt" sind.

KLARTEXT: VIRTUELLE TEAMS STEUERN

1 Eine ausgereifte Infrastruktur ist Bestandteil jeder virtuellen Zusammenarbeit.
2 Ohne klare Regeln und Absprachen ist nichts möglich.
3 Keine Technik vermag Ihre Anwesenheit in Schlüsselphasen des Projekts und in bestimmten Standorten zu ersetzen.
4 Symbole und Rituale erhöhen die Identifikation mit dem Projekt und das Zusammengehörigkeitsgefühl.

Wer führt hier eigentlich?
So positionieren Sie sich als Projektleiter

Die Europazentrale eines Automobilkonzerns plant die Einführung eines Shared Service für den Personalbereich. Petra Mühlbauer, erfahrene HR-Managerin, ist mit der Projektleitung beauftragt. Das Projektteam besteht aus sechs Mitgliedern, die aus Deutschland, Italien, Frankreich, Holland, UK und Polen kommen. Das Projekt läuft seit einiger Zeit, und die ersten Projektmeilensteine sind erreicht. Nach einigen Anfangsschwierigkeiten ist Petra Mühlbauer als Projektleiterin im Team akzeptiert. Ihr fällt allerdings auf, dass die Euphorie, die noch beim Projektstart spürbar war, verflogen ist. Die Haltung der Projektmitglieder nähert sich immer mehr einer Nine-to-five-Haltung, was sich unter anderem dadurch äußert, dass es schwierig ist, die Mitarbeiter zu überreden, zusätzliche Arbeiten zu übernehmen. Daneben haben sich in den letzten Wochen einige Fehler durch Nachlässigkeiten eingeschlichen. Auf der anderen Seite sind die Projektziele und der Zeitplan weiterhin sportlich. Was soll Petra Mühlbauer tun?

Wege zur Lösung

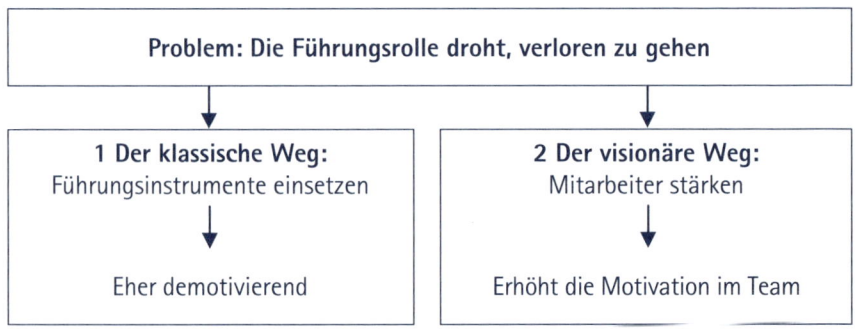

1 Der klassische Weg: Führungsinstrumente einsetzen

Was macht eine Führungskraft erfolgreich? Zu dieser Frage finden Sie in jeder Buchhandlung einige Meter Führungsliteratur. Sehr einfach ausgedrückt, sind Sie dann erfolgreich, wenn es Ihnen gelingt, dass Ihre Projektmitglieder die vereinbarten Aufgaben erfüllen und dadurch das Projekt erfolgreich abgeschlossen wird. Zur „Führung" des Projektteams stehen Ihnen die verschiedensten Führungsinstrumente zur Verfügung. Dies sind z. B.

- klare Ziele setzen
- Aufgaben delegieren
- ausgeführte Aufgaben kontrollieren
- Mitarbeiter gezielt fördern und entwickeln
- Mitarbeitern Rückmeldung über die Leistung geben
- informieren

Dabei sagt der Einsatz der Instrumente noch nichts über Ihren Führungsstil aus. Eine vereinfachende Betrachtung zu Führungsstilen ist die Unterscheidung in aufgaben- und personenbezogene Führung. Im aufgabenbezogenen Führungsstil wird eher über die Sache, im personenbezogenen Führungsstil eher über die Person geführt. Bei der Frage des Führungsstils sollte Sie grundsätzlich Folgendes leiten: Klar sein in der Sache und wertschätzend sein in der Person.

Beachten Sie, dass unterschiedliche Kulturen auch unterschiedliche Erwartungen an Sie als Führungskraft haben. Der flexible Einsatz von Führungsstilen je nach der Kultur zeichnet Sie als einen guten Projektleiter aus. In Ländern mit großer Machtdistanz, wie z. B. Frankreich, ist es wichtig, dass der Chef auch als Chef wahrgenommen wird. Nicht nur sein verbales Auftreten, auch die Statussymbole spielen hier eine Rolle. In Kulturen mit einem niedrigen Unsicherheitsvermeidungsgrad, wie z. B. Großbritannien, genügt Mitarbeitern eine grobe Richtung. Dagegen benötigen Kulturen mit einem stark ausgeprägten Unsicherheitsvermeidungsgrad, wie z. B. Frankreich oder Polen, eher enger gefasste Leitlinien. Es kommt also auf Sie an, wie Sie die Instrumente mit Leben füllen.

In vielen Projekten entsteht oft das Gefühl, der Projektleiter sei abgetaucht und nur dann sichtbar, wenn etwas schiefgelaufen ist, um korrigierend einzugreifen (Management by Exception). Die Arbeit wird dann zu einer Art Tauschgeschäft: Mitarbeiter und Projektleiter erfüllen ihre Vertragsbedingungen, das war es dann aber auch. Die Gefahr, dass das „Besondere" von Projektarbeit auf der Strecke bleibt, ist hier groß. Dies spürt Petra Mühlbauer nun in ihrem Projektteam. Als erstes könnte sie für sich abgleichen, ob die von ihr gesetzten Ziele noch mit der Situation des Projekts kompatibel sind. Ist irgendwas passiert im Laufe des Projekts, was bei den Teammitgliedern „Frust" oder ähnliches auslöst und sich auf die Arbeitshaltung niederschlägt?

Ein weiterer Blick gilt den Aufgaben der Projektmitglieder: Sind alle in der Lage, die gestellten Anforderungen zu erfüllen, oder hat sich so etwas wie Über- bzw. Unterforderung eingestellt? Auf jeden Fall sollte Petra Mühlbauer ihren Mitarbeiter Rückmeldung – und dies so konkret wie möglich – über ihre Sichtweise geben und in persönlichen Gesprächen herausfinden, was gerade im Projektteam los ist. Dies zeigt den Mitarbeitern, dass es der Projektleiterin ernst ist mit der Fürsorge für ihre Mitarbeiter.

 PRO

Qualität, Kosten, Termine: Der Einsatz der Führungsinstrumente wird Sie bei Erreichung dieser drei Ziele unterstützen. Denn damit geben Sie die Richtung vor und machen deutlich, was Sie von den Mitarbeitern im Projektteam erwarten. Je individueller Sie sich auf die einzelnen Mitarbeiter einstellen, desto höher kann die Motivation jedes einzelnen werden, eigene Interessen zurückzustellen, um sich in heißen Projektphasen für das Ziel des Projekts einzusetzen.

Fazit: Wann dieser Weg Erfolg verspricht

Als Führungskraft sichtbar sein, die Instrumente flexibel einsetzen – so tun Sie viel für den Erfolg eines Projekts. Wenn Führung sich allerdings nur darauf konzentriert, einzuschreiten, wenn etwas aus der Bahn läuft, kommen Sie als Projektleiter in eine reaktive Rolle. Motivation und Begeisterung können dann auf der Strecke bleiben. Führung im Projekt lebt auch von Visionen und der Ermunterung, auch ungewöhnliche Wege zu beschreiten.

2 Der visionäre Weg: Mitarbeiter stärken

Hinter jedem Projekt steht eine Vision. Was würden Ihre Teammitglieder antworten, wenn jemand sie fragt, was die Vision hinter dem Projekt ist? Würde sich Ihre Begeisterung in den Worten der Projektmitglieder widerspiegeln? Da könnte es doch eine gute Idee sein, Ihr Mitarbeiter im Projektteam einzuladen, auf Basis der Unternehmensvision eine Vision für das Projekt zu entwickeln. Beteiligung führt meistens dazu, dass Mitarbeiter mehr Verantwortung übernehmen und damit auch selbstverantwortlicher handeln. Wie schön wäre es doch, wenn die Teammitglieder sich ein Bein ausreißen, um das Ziel des Projekts zu erreichen und die Nine-to-five-Haltung aufgeben.

Wie aber können Sie das als Projektleiter erreichen? Ein entscheidender Punkt ist, Ihren Mitarbeitern als Vorbild zu dienen und nichts zu versprechen, was Sie später nicht halten können. Ist Ihnen bewusst, dass Sie permanent von Ihren Mitarbeitern beobachtet werden? Dabei testen Sie Ihre Mitarbeiter oft unbewusst: Tun Sie das, was Sie sagen? Leben Sie die Werte, die Sie propagieren? Wenn dem so ist, machen Sie sich automatisch zum Vorbild – es wird Ihnen Vertrauen entgegengebracht. Das Vertrauen können Sie zurückgeben, in dem Sie Ihren Mitarbeitern – bezogen auf deren Aufgabenreife – herausfordernde Aufgaben zutrauen und somit Engagement fordern. Der Projektleiters schlüpft dann in die Rolle von jemandem, der

- den Weg der Realisierung aufzeigt, aber nicht vorgibt,
- eine inspirierende Vision des Projektziels vermittelt und lebt,
- innovative Möglichkeiten zur Realisierung des Ziels zur Verfügung stellt,
- die Mitarbeiter unterstützt und ermutigt, die innovativen Möglichkeiten zu nutzen.

Das erhöht die Chance, dass sich die Mitarbeiter auf Sie und das Projekt einlassen, weil sie erkennen, dass Sie nicht über reine Anweisungen, sondern durch die Bereitung von Wegen führen. Wenn Sie zusätzlich mit neuen Ideen und Vorgehensweisen motivieren und die Bedürfnisse Ihrer Mitarbeiter im Auge behalten – auch vor dem interkulturellen Hintergrund – fördert das die Eigeninitiative Ihrer Mitarbeiter. Sie werden sehen: Ihre Projektmitarbeiter gehen bei diesem so genannten transformationalen Führungsstil auf einmal auch Extra-Wege im Sinne des Projekts.

4

Um Projektleitern in internationalen Kontexten ihre Rolle zu verdeutlichen, arrangierte ich in einem Seminar die folgende Situation: Ein kleines Kammerorchester spielte unter der Leitung eines Dirigenten ein bekanntes klassisches Musikstück. Nun durften die Projektleiter ans Dirigentenpult. Was von außen so kinderleicht aussah, entpuppte sich als äußerst komplexer Vorgang, der eine Menge Effekte von Führung widerspiegelte und daher als hervorragende Metapher diente. Der Dirigent leitet ein Ensemble von Spezialisten (wie sie sich hoffentlich auch in Ihrem Projektteam finden). Seine Rolle ist das Zusammenführen der unterschiedlichen Kompetenzen (jeder kann ja sein Instrument) zu einem großen Ganzen. Jeder trägt dazu bei und der Dirigent verdeutlicht dies und vereint die Einzelbeiträge unter dem Bild seiner Vision des Musikstücks. Diese Metapher kann auch auf die Rolle des Projektleiters übertragen werden.

Um den Führungsstil auf die Mitarbeiter in internationalen Projekten abzustimmen, bietet sich der Team-Kultur-Check an (siehe Tool auf S. 170).

 PRO

Qualität: Ein Pluspunkt dieser transformationalen Führung ist, dass die Mitarbeiter ihre Rolle als einen festen und wichtigen Bestandteil der Unternehmensvision verstehen. Diese Erkenntnis führt zu einem riesigen Motivationsschub und wirkt sich auf die Qualität der Aufgabenausführung aus.

Karriere: Transformationale Führung ist – basierend auf diversen Forschungserkenntnissen – ein erfolgreicher Führungsstil. Nicht nur, dass Ihre Projektteams erfolgreicher sind, Ihre Kompetenz, Menschen zu führen wird sich ebenfalls verbessern.

 CONTRA

Termine: Als Enabler zu fungieren und sich individuell auf die Mitarbeiter einzustellen, kostet zunächst einmal Zeit. Diese Zeit, die Sie zu Beginn investieren, wird sich im Lauf der Teamarbeit jedoch auszahlen.

Fazit: Wann dieser Weg Erfolg verspricht

Dieser Weg verlangt viel von Ihnen als Führungskraft: Sich an Ihren Werten messen zu lassen und dadurch Vorbild zu sein sowie die eigene Rolle als Wegbereiter zu verstehen. Dies ist in Unternehmenskulturen einfacher zu realisieren, die es Mitarbeitern ermöglichen, aktiv zu gestalten. In strikt hierarchisch aufgestellten Unternehmen kann der Weg sehr mühevoll sein.

Unser Weg: Ein Meeting mit Highlights – so sind wir vorgegangen

Wie ein Gespräch ergab, hatte sich auch Petra Mühlbauer wegen ihrer vielen Aufgaben mehr und mehr hinter ihren Schreibtisch zurückgezogen. Auch ihre Anfangseuphorie war verflogen. Mit Hilfe eines externen Moderators organisierte sie kurzfristig ein Teammeeting, das die Situation im Projektteam zum Thema hatte. Zwei Bestandteile des Meetings waren ungewöhnlich für die Teammitglieder: Jedes Teammitglied sollte sich anhand eines Symbols verdeutlichen, inwieweit es sich von der Strategie noch angezogen fühlte. Dazu hatte der Moderator vor Beginn des Meetings verschiedene Fotos auf den Boden gelegt. Auf den Fotos waren unterschiedliche Motive, wie z.B. eine Wüste, ein Kaktus, ein Sonnenuntergang, ein Marathonläufer. Jeder Projektmitarbeiter sollte sich ein Foto aussuchen, das seiner Meinung nach am besten zur aktuellen Situation im Projekt passte. Dies war der Einstieg in eine spannende Diskussion, an deren Ende klar wurde, dass das Projektteam das Big Picture aus den Augen verloren hatte. Ein zweites Highlight war die Arbeit in einem Klettergarten, in dem Petra Mühlbauer und ihrem Team gespiegelt wurde, was das Projektteam braucht, um wieder richtig arbeitsfähig zu werden. Das Projekt wurde letztlich dann doch noch ein voller Erfolg.

KLARTEXT: FÜHRUNG IN INTERNATIONALEN PROJEKTEN

1 Leben Sie das vor, was Sie von Ihren Mitarbeitern erwarten.
2 Seien Sie sich darüber klar, was Führung in verschiedenen Kulturen bedeutet.
3 Trauen Sie Ihren Mitarbeitern einiges zu.
4 Seien Sie kreativ. Konfrontieren Sie Ihre Mitarbeiter mit ungewöhnlichen Ideen.

Kulturen, Menschen, Konflikte – was können Sie tun?

» **DAS SZENARIO**

Eine neu gegründete deutsch-französische Gesellschaft zur internationalen Aufbauhilfe koordiniert ein Projekt berufsbildender Schulen im Libanon, das mit Fördergeldern der EU finanziert wird. Peter Enders leitet das Projekt, dessen Team aus zwei Franzosen in Lyon, drei Deutschen am Standort Mainz sowie drei Libanesen in Beirut und dem EU Koordinator in Brüssel, einem Portugiesen, besteht. Immer wieder gibt es Probleme bei der Umsetzung einzelner Schritte. Nachdem das Projekt lange brauchte, um überhaupt in Schwung zu kommen, da es zu Konflikten zwischen den deutschen und französischen Kollegen gekommen war, sind jetzt die ersten Meilensteine erreicht. Doch immer wieder gibt es während der Videokonferenzen lange Diskussionen über Vorgehensweisen, da die französischen Kollegen einmal getroffene Vereinbarungen wieder in Frage stellen und die Libanesen immer wieder eine Entscheidung von Peter Enders fordern. Der möchte lieber moderierend eine Lösung erreichen. Während der letzten Videokonferenz ist die Situation eskaliert: Bei einer f verliert der EU-Koordinator, Duarte Souza, die Fassung und fährt Peter Enders an, so könne es ja nicht weitergehen. Dieses ewige Hin und Her gefährde den Projektverlauf und überhaupt müsse man sich langsam fragen, ob Peter der richtige Projektleiter sei. Was soll Peter Enders jetzt tun?

Wege zur Lösung

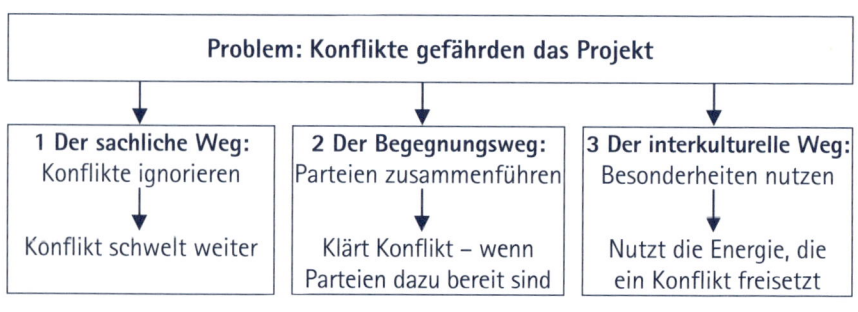

Problem: Konflikte gefährden das Projekt		
1 Der sachliche Weg: Konflikte ignorieren	**2 Der Begegnungsweg:** Parteien zusammenführen	**3 Der interkulturelle Weg:** Besonderheiten nutzen
Konflikt schwelt weiter	Klärt Konflikt – wenn Parteien dazu bereit sind	Nutzt die Energie, die ein Konflikt freisetzt

1 Der sachliche Weg: Konflikte ignorieren

Okay, die Situation ist eskaliert, aber wo gehobelt wird, da fallen nun mal Späne. Sie können natürlich den Konflikt einfach ignorieren und an die Mitarbeiter im Projekt appellieren, sich auf die sachlichen Aspekte der Arbeit zu konzentrieren. Vermutlich könnte der EU-Koordinator im Szenario dadurch ruhig gestellt werden, dass er kurz nach der Videokonferenz den Stand der Umsetzungen per E-Mail erhält. Und schließlich sind die Südeuropäer ja emotionale Menschen. Also schreiben Sie als Projektleiter eine E-Mail an alle und fordern sie zu einer sachlichen Zusammenarbeit auf. Gleichzeitig erinnern Sie an die ausstehenden Arbeitspakete.

CONTRA

Termine, Kosten, Qualität: Konflikte, die nicht gelöst werden, schwelen unter der Oberfläche weiter und bringen bald das gesamte Projekt zum Brennen.

Karriere: Eine Führungskraft, die Konflikte ignoriert und versucht, sie unter den Teppich zu kehren, ignoriert die Realität – das kann nicht gut gehen.

Fazit: Wann dieser Weg Erfolg verspricht

Der Versuch, einfach zur Tagesordnung zurückzukehren, ist von vornherein zum Scheitern verurteilt. Es ist so, als würden Sie versuchen, einen mit Luft gefüllten Ball unter Wasser zu halten. Sobald Sie ihn nicht mehr richtig festhalten, schießt er an die Wasseroberfläche. Ähnlich ist es mit Konflikten – sie zu unterdrücken, kostet viel Energie, und irgendwann kommen sie doch zum Vorschein.

2 Der Begegnungsweg: Parteien zusammenführen

„Miteinander redenden Menschen kann geholfen werden." – Dieser Satz gilt auch für Konfliktparteien. Konflikte zwischen den Teammitgliedern können ernste Auswirkungen auf die Rolle des Projektleiters haben, hier gilt es schnell etwas zu tun. Eskaliert die Situation, wie im Szenario in der Videokonferenz mit dem EU-Koordinator, dann ist Aktivität von Ihnen gefordert:

1 Machen Sie einen konkreten Vorschlag, wie jetzt weiter verfahren wird. Fassen Sie den momentanen Stand der Verhandlungen zusammen und

schlagen Sie einen neuen Termin und bis dahin zu erledigende Aufgaben vor. Dies können Sie auch tun, wenn das Problem noch nicht analysiert ist. Sie beweisen dadurch Ihre Handlungsfähigkeit.

2   Danach können Sie dem Problem grundsätzlich begegnen. Der erste Schritt dazu ist eine Analyse: Wo zeigt sich der Konflikt immer wieder und was steckt eigentlich dahinter? Konflikte zwischen Teilgruppen im Projekt haben mitunter etwas mit Konkurrenz zu tun. „Wer setzt sich mit seinem Vorschlag am Ende durch?", lautet die Frage hinter dem Konflikt. Oder ist es wirklich nur die unklare Schnittstelle, die den Konflikt verursacht? Bedenken Sie, dass ein Konflikt immer eine Sach- aber auch eine Beziehungsseite hat (siehe das Tool „Eisbergmodell" auf S. 120).

3   Bringen Sie dann die Konfliktparteien zusammen und machen Sie den Konflikt zum Thema. Achten Sie dabei auf die Rolle, die Sie dabei einnehmen und lassen Sie sich nicht von einer Seite instrumentalisieren. Das bedeutet im Klartext: Lassen Sie beide Seiten zu Wort kommen und hüten Sie sich vor Bewertungen der Aussagen. Wenn Sie E-Mails schreiben, achten Sie darauf, dass jede Partei die gleichen Informationen erhält. Denken Sie auch daran, welche Erwartungen die Projektteammitglieder an Sie haben: Kulturen mit einer hohen Machtdistanz erwarten unter Umständen eine klare Aussage von Ihnen.

4   Hören Sie zunächst beiden Seiten zu und erarbeiten Sie gemeinsam eine Lösung für den Konflikt. Manchmal kommt es vor, dass Sie als Projektleiter selbst Teil des Konfliktes sind.

5   Erarbeiten Sie mit den Konfliktparteien konkrete Vorschläge und Lösungsansätze, damit Reibungsverluste in Zukunft ausgeschlossen werden.

Ist der Konflikt unlösbar für Sie, nehmen Sie einen Experten zur Unterstützung, der das Konfliktgespräch moderiert.

Im Szenario sieht dieser Weg folgendermaßen aus: Mit dem EU-Koordinator sollte der Projektleiter noch einmal telefonieren und mit ihm die konkreten Schritte und To-dos erläutern. Schauen Sie in solchen Telefonaten nach vorne; Vergangenheitsbewältigung hilft Ihnen nicht weiter. Seien Sie sich als Projektleiter darüber im Klaren, dass solche Projektbeteiligten künftig ein scharfes Auge auf Ihre Sie werfen werden und begegnen Sie dem mit eindeutigen, präzisen Aussagen über die nächsten Schritten.

Qualität: Je genauer die Vereinbarungen mit den Ursachen der Konflikte korrelieren, umso klarer wird die Zusammenarbeit – gut für das Projektergebnis.

Karriere: Durch das Zusammenführen der Konfliktparteien stellen Sie Ihre Kompetenz unter Beweis, in schwierigen Situationen einen zielorientierten Weg zu weisen. Insbesondere wird Außenstehenden gegenüber nicht der Eindruck vermittelt, Sie haben den Laden nicht im Griff.

CONTRA

Qualität: Risikofrei ist die Ansprache von Konflikten nicht: Was passiert, wenn sich der Konflikt als unlösbar herausstellt oder ein Teammitglied das Projekt verlässt?

Fazit: Wann dieser Weg Erfolg verspricht

Konflikte sind dazu da, gelöst zu werden. Die Gefahr, dass sich ungelöste Konflikte negativ auf das Projekt auswirken und am Ende auf Sie als Projektleiter zurückfallen, ist einfach zu groß. Daher beweisen Sie Ihre Handlungskompetenz, wenn Sie die Konfliktparteien zusammenführen. Natürlich gilt es hier auch, die kulturellen Unterschiede im Auge zu behalten. Kulturen, die eher kollektivistisch geprägt sind, z. B. arabische Kulturen oder China, streben eher nach Harmonie und benötigen einen entsprechenden Rahmen, um Konflikte offen anzusprechen. Sorgen Sie stets für maximale Transparenz, so dass allen Beteiligten klar ist, aus welchem Grunde Sie so verfahren.

3 Der interkulturelle Weg: Besonderheiten nutzen

„Wo Menschen zusammenarbeiten, menschelt es schon mal", so drückt es der Psychologe Friedemann Schulz von Thun treffend aus. Es ist also wahrscheinlich, dass es in der Projektarbeit zu Konflikten kommt. Wie können Sie sich darauf vorbereiten? Im Umgang mit Konflikten zeigen sich die unterschiedlichen Ausprägungen der Kulturdimensionen: In der deutschen Kultur mit niedrige Machtdistanz, hoher Individualität und hohem Konkurrenzdenken werden Konflikte offen und leidenschaftlich ausgetragen. Dies trifft gerade bei kollektivistischen Kulturen, wie z. B. Portugal, auf Unverständnis, da hier diese Form der Konfliktansprache verwirrt.

Die Kulturdimensionen sind das eine, doch auch ein Blick auf konfliktauslösende Ursachen hilft Ihnen weiter. Gerade in der Projektarbeit mit Deutschen und Franzosen zeigt sich immer wieder, dass die Unterschiede in der Machtdistanz (in Frankreich: hoch) und in der Vermeidung von Unsicherheit (in Frankreich: sehr hoch; in Deutschland: hoch) immer wieder Quellen von Konflikten sind. Während den Deutschen nachgesagt wird, Projektpläne mit der Präzision eines Uhrwerkes abzuarbeiten, kann es durchaus sein, dass die französische Seite einen Teil des Projektplans plötzlich in Frage stellt, da anderslautende Anweisungen aus der Linie empfangen wurden.

Der so genannte Kultur-Check (siehe S. 40) ist eine gute Möglichkeit, sich auf konfliktträchtige Situationen vorzubereiten. Hierzu werden die Ausprägungen der einzelnen Kulturen in den Dimensionen „Machtdistanz", „Individualismus", „Maskulinität" und „Unsicherheitsvermeidung" miteinander verglichen. Das gibt Ihnen Hinweise auf Konfliktquellen. Verstehen Sie daneben Konflikte als Möglichkeit, andere besser kennenzulernen. Jeder überwundene Konflikt lässt Sie und das Team weiter wachsen. Lernen Sie, im Projektteam die Zusammenarbeit zu reflektieren. Einige Projektleiter veranstalten zu Beginn eines großen Projekts einen halbtägigen Workshop zum Thema „Interkulturelle Kompetenz", um sich und die Mitarbeiter für die unterschiedlichen Erwartungen und Verhaltensweisen zu sensibilisieren. Daneben können Sie zehn Minuten in jedem Meeting einplanen, in dem jeder etwas zur Zusammenarbeit sagt.

 PRO

Termine: Wenn Sie sich von vornherein darauf einstellen, dass es in bestimmten Projektphasen zu Konflikten in Teams kommen kann, können Sie dies bei der Projektplanung berücksichtigen. Die erste Projektphase nimmt erfahrungsgemäß hierfür den meisten Raum ein.

Karriere: Die Lösung von Konflikten ist erfahrungsgemäß das beste Personalentwicklungsprogramm zur Erlangung interkultureller Kompetenz.

 CONTRA

Kosten: So sinnvoll es ist, im Projektteam einen Workshop zum Thema Interkulturelle Unterschiede zu veranstalten, ein guter Referent hat dann auch seinen Preis.

Fazit: Wann dieser Weg Erfolg verspricht

Wenn Sie die innere Haltung haben, Konflikte sind menschlich und aus der Lösung von Konflikten können alle etwas lernen, dann ist dieser Weg nie verkehrt. Allerdings erfordert er von Ihnen die Auseinandersetzung mit den verschiedenen Kulturdimensionen. Bleiben Sie dennoch Sie selbst und vermeiden Sie Stereotypien im Hinblick auf typisch „fremdes" Verhalten.

Unser Weg: Ursachenforschung im Meeting – so sind wir vorgegangen

Peter Enders hat auf unseren Rat hin ein Meeting der deutschen und französischen Mitarbeiter organisiert und die Problemfelder angesprochen. Dabei kam zu Tage, dass das gegenseitige Unverständnis aus kulturellen Unterschieden resultierte: So war es den französischen Kollegen z. B. wichtig, im Projektteam beschlossene Vereinbarungen noch mit den Linienvorgesetzten in Frankreich abzustimmen. Nach einem anstrengenden Vormittag, an dem die Spielregeln der Zusammenarbeit auf eine neue Basis gestellt wurden, wurde in aller Ruhe gut zu Mittag gegessen. Das Team zeigte sich in der nächsten Videokonferenz gegenüber Duarte Sousa als eingeschworene Gemeinschaft. Das Schulprojekt wurde ein voller Erfolg. Mittlerweile begleiten Peter und sein Team ähnliche Projekte in Somalia und im Jemen.

KLARTEXT: RICHTIGER UMGANG MIT KONFLIKTEN

1 Die Lösung von Konflikten hat Vorrang vor allem.

2 Versuchen Sie nicht, Konflikte zu ignorieren. Sie fliegen Ihnen sonst bei der nächsten Gelegenheit um die Ohren. Haben Sie den Mut, Konflikte aktiv anzusprechen und zu lösen.

3 Eskaliert die Situation vor Dritten, zeigen Sie Handlungsfähigkeit und schlagen Sie aktiv vor, wie es jetzt weitergeht.

4 Machen Sie sich mit den Verhaltensweisen und Konfliktreaktionen unterschiedlicher Kulturen vertraut.

5 Sind Sie selbst Teil des Konfliktes, scheuen Sie sich nicht, einen neutralen Moderator zu Rate zu ziehen.

Diese Tools brauchen Sie

@ **NÜTZLICHE TOOLS**

Tool	Kurzbeschreibung Stärken / Schwächen	Aufwand Nutzen
Entscheidungs-prozesse in internationalen Kontexten	Übersicht zu Entscheidungsprozessen in internationalen Kontexten. Prophylaxe ist die beste Art der Vorbereitung auf Konflikte.	●●● ★★★★
Harvard-Verhandlungs-konzept	Ein faires Verhandlungsmodell mit dem Ziel, gemeinsam getragene Lösungen zu erreichen. Pragmatischer Ansatz.	●●● ★★★★★
Kick-Off-Meeting ⬇	Tipps und Ideen zur Gestaltung von Kick-Off-Meetings. Kultur- und erfolgsstiftend.	●●● ★★★★★
Kommunikation in internationalen Teams	Regeln zur Gestaltung der Kommunikation in internationalen Teams. Unverzichtbar, um von Anfang an Reibungsverluste in der Kommunikation zu vermeiden.	●● ★★★★
E-Mail-Regeln	Regeln für den sinnvollen Einsatz von Mails.	● ★★★★★
Phasen der Teamentwicklung	Darstellung des typischen Teambuilding-Prozesses. Das Modell gibt Klarheit über typische Verhaltensweisen von Teams in bestimmten Phasen und eröffnet dem Projektleiter ein größeres Handlungsfeld.	●● ★★★★★
Steuerung internationaler Teams	Übersicht über die wichtigsten Regeln und Vorgehensweisen bei der Steuerung virtueller Teams.	●● ★★★★★

Tool	Kurzbeschreibung Stärken / Schwächen	Aufwand Nutzen
Teamfaktoren	Beschreibung von 12 Faktoren, die die Zusammenarbeit im Team charakterisieren. Anhand eines Fragebogens zu bestimmen.	●●● ★★★★
Team-Kultur-Check ⬇	Synoptische Darstellung über die Ausprägung der unterschiedlichen Kulturdimensionen der Projektmitglieder. Gutes Instrument zur Vorbereitung der Projektarbeit.	● ★★★★
Telefon- und Videokonferenz ⬇	Standards und Tipps zur Leitung von Telefon- und Videokonferenzen. Sinnvoll zur Vermeidung eines babylonischen Chaos.	●● ★★★★★
Vision Web™	Simulationsspiel zur Unterstützung der Teambildung – beeindruckende Übung, teuer in der Anschaffung.	●●●● ★★★★★

Die mit dem Icon ⬇ gekennzeichneten Tools können Sie im Internet unter www.projektmagazin.de/klartext abrufen.

Die wichtigsten Tools – so funktionieren sie

Entscheidungsprozesse in internationalen Kontexten

Jeder Entscheidungsprozess in internationalen Kulturen ist abhängig von der Kultur der Projektteam- und der Lenkungsausschussmitglieder. Die Abstimmung des Prozesses sollte in der Anfangsphase des Projekts festgelegt werden. Welche Aspekte Sie dabei beachten sollten, führt Fitzsimons an (C. Fitzsimons, Entscheidungsfindung, in: H. E. Hoffmann, Y. G. Schoper, C. J. Fitzsimons: Internationales Projektmanagement, München 2004):

- Welche Entscheidungsverfahren werden in Ihrem Unternehmen und Ihrer Kultur verwendet?
- Wird eher nach dem Konsens-, Mehrheits- oder Machtprinzip entschieden?
- Wie formell ist der Prozess?

- Wie viel Zeit nimmt man sich für Entscheidungen?
- Wer trifft die Entscheidung?
- Wer muss vor der Entscheidung informiert werden?
- Welche Kriterien werden im Entscheidungsprozess berücksichtigt?
- Wie wichtig sind diese Kriterien in Ihrer Kultur?
- Wie werden Entscheidungen begründet?
- Wie werden Entscheidungen mitgeteilt?
- Welche Arten der Entscheidungseskalation gibt es?

Die Antworten auf diese Fragen helfen dem Projektleiter auch dabei, Entscheidungen vorzubereiten. So ist in Ländern mit großer Machtdistanz eine Entscheidung ohne Wenn und Aber zu akzeptieren, während in Ländern mit geringerer Machtdistanz erwartet wird, dass der Projektleiter bzw. seine Mitarbeiter aktiv an der Entscheidungsfindung teilnehmen (z. B. durch Einbringen von Vorschlägen). Dies gilt auch für die Einbindung der Teammitglieder: Wird erwartet, dass der Projektleiter immer die Entscheidung trifft? Welchen Einfluss hat die Beteiligung der Mitglieder auf die Position und Akzeptanz des Projektleiters? Erarbeiten Sie mit Ihrem Projektteam Perspektiven unter Berücksichtigung der unterschiedlichen Kulturen.

Harvard-Verhandlungskonzept

Das Harvard-Verhandlungskonzept ist ein wichtiger Baustein lösungsorientierter Verhandlungen. Die Methode wurde in den 1970er Jahren im Rahmen des „Harvard Negotiation Project" an der Harvard Law School entwickelt und ist weltweit verbreitet. Im Rahmen dieses interdisziplinären Forschungsprojekts, das bis heute fortgesetzt wird, wurde untersucht, welche Faktoren zum Gelingen und zum Scheitern von Verhandlungen führen können. Das Konzept ermöglicht, auch in schwierigen Verhandlungen ein positives Ergebnis zu erzielen. Ziel ist es, Sach- und Beziehungsebene zu trennen, Interessen auszugleichen und Entscheidungsalternativen unter Verwendung neutraler Beurteilungskriterien zu suchen, um einen Gewinn für alle Beteiligten zu schaffen. Das Konzept basiert auf folgenden Prinzipien:

- Menschen und Probleme getrennt voneinander betrachten
- Nicht Standpunkte verteidigen, sondern gemeinsame Interessen suchen

- Optionen und Lösungsmöglichkeiten sammeln
- Neutrale Beurteilungskriterien zur Lösungsfindung hinzuziehen

Wenn zwei Verhandlungsparteien unterschiedliche Standpunkte vertreten, vermischen sich oft Sach- und Beziehungsaspekte und es entsteht ein Kampf um die Verteidigung der Positionen. Die getrennte Betrachtung von Menschen und Problemen heißt, zunächst Verständnis für die Position des Gesprächspartners zu zeigen und zu hinterfragen, was für ihn der Hintergrund des Problems ist. Offene Fragen (Was? Wer? Wie viel? Aus welchem Grund?) sind ein gutes Analyseinstrument hierfür. Mit den Fragen wird die Grundlage dafür geschaffen, einen Blick auf die Gemeinsamkeiten der scheinbar nicht zu vereinenden Positionen zu werfen (Beispiel: Beide Parteien sind an einem erfolgreichen Projektabschluss interessiert). Auf Basis der gemeinsamen Interessen werden Lösungsoptionen gesammelt, z. B. in einem Brainstorming. In dieser Phase ist wichtig, die Vorschläge nicht zu bewerten, etwa mit den Worten: „Das geht sowieso nicht". Denn erst in der nächsten Phase werden neutrale Bewertungskriterien hinzugezogen. Dies könnte z. B. eine bereits durchgeführte Maßnahme in einer ähnlichen Situation sein oder eine unabhängige Studie. Der Vorteil des Harvard-Verhandlungskonzeptes ist, dass einerseits die Emotionen beachtet werden und andererseits das Ringen um die Lösung nach und nach versachlicht wird. (Quelle: R. Fischer, W. Ury, B. M. Patton: Das Harvard-Konzept, Frankfurt a.M. 2006)

Kick-Off-Meeting

Das Kick-Off-Meeting ist ein nicht zu unterschätzender Baustein eines jeden Projekts. Die Art und Weise seiner Durchführung bestimmt maßgeblich die Kultur des Projekts:

- Eine formale Einladung unterstreicht die Wichtigkeit; in Kulturen mit großer Machtdistanz sollte die Einladung über den eigenen Vorgesetzten versandt und an den Vorgesetzten des Eingeladenen gesendet werden.
- Nach Möglichkeit sollten alle Projektmitglieder teilnehmen.
- Ein schöner Veranstaltungsort unterstreicht die Bedeutung der Situation.
- Eine intensive Vorstellungsrunde ermöglicht das Kennenlernen.
- Die durchgängige oder temporäre Anwesenheit des Auftraggebers beim Kick-Off-Meeting unterstreicht die Bedeutung des Projekts.

- Ein Kick-Off eignet sich auch dafür, Wissen über kulturelle Unterschiede und die Auswirkungen auf die Zusammenarbeit zu vermitteln.
- Ein Abendprogramm (z. B. gemeinsames Kochen) fördert den Teamgeist und das Verständnis für unterschiedliche Kulturen.
- Ein Dolmetscher ist nötig, falls nicht alle Teilnehmer englisch sprechen.
- Zum Schluss werden Termine für weitere Meetings festgelegt.

Beispiel: Agenda eines Kick-Off-Meetings	
1.	Begrüßung durch Auftraggeber bzw. Projektleiter
2.	Vorstellungsrunde: Jeder Teilnehmer hat ein typisches Symbol aus seinem Heimatland dabei und stellt sich vor
3.	Erwartungen der Teilnehmer
4.	Vorstellung des Projekts: Strategische Bedeutung, Projektziele, Vorgehensweise
5.	Arbeitsteams, Aufgabenpakete, Zeitpläne
6.	Eventuell Teamübung: Wie wollen wir die Zusammenarbeit gestalten?
7.	Input: Interkulturelle Besonderheiten in internationalen Teams
8.	Mini-Workshops in Teilteams: Aufgabenstrukturierung, Kommunikationsgestaltung im Projektteam, Umgang mit schwierigen Situationen
9.	Ausblick auf Termine und erste Schritte nach dem Meeting
10.	Eventuell Event: Gemeinsames Abendessen, von allen zubereitet

Kommunikation in internationalen Teams

- Das Team muss zusammenwachsen: Auch virtuelle Teams benötigen die Phase des Zusammenwachsens. Wenn die Möglichkeit eines persönlichen Kennenlernens besteht, nutzen Sie diese. Oft treffen sich in weltweiten Projekten die Mitglieder wenigstens in regionalen Kick-Off-Meetings.
- Das Team besteht aus Menschen: Erstellen Sie eine Infodatenbank mit den Telefonnummern und E-Mail-Adressen der Projektmitglieder. Versehen Sie diese Informationen mit einem Foto des jeweiligen Projektmitglieds,

um den Mitgliedern das Gefühl zu vermitteln, sich „schon mal gesehen zu haben".

- Standards der Zusammenarbeit entwickeln: Stimmen Sie Vorgaben im Projekt ab; schaffen Sie Klarheit über die verwendeten Dokumente und Laufwerke. Nutzen Sie Teamsitzungen, Video- und Telefonkonferenzen für den persönlichen Austausch und die Klärung von Missverständnissen. Informieren Sie so schnell wie möglich.

- Das Team auf die Besonderheiten der virtuellen Zusammenarbeit vorbereiten: Sensibilisieren Sie für mögliche Reibungspunkte in der virtuellen Zusammenarbeit. Humor ist z. B. in Kulturen unterschiedlich und könnte – ohne böse Absicht – zum Auslöser für Missverständnisse werden. Stimmen Sie Regeln für E-Mail-Kontakte ab, z. B.: Erst lesen, dann denken, dann noch mal lesen, noch mal denken und dann erst ärgern.

- Verbindliche Kommunikationsregeln vereinbaren: Schaffen Sie Transparenz über Arbeitszeiten und Abwesenheiten (Urlaub, Feiertage). Wie wird der out-of-office reply oder die voice box genutzt? Wie erfolgt der Mail-Check? Gibt es ein offenes Forum in Internet?

- Feiern Sie Zwischenerfolge: Erreichte Meilensteine sollten gefeiert werden.

- Verbindendes herausstellen: Wie können Sie Punkte im Projekt nutzen, um das Verbindende im Team herauszustellen? Wie wäre es z. B. mit T-Shirts oder einem Mousepad mit gemeinsamer Parole?

E-Mail-Regeln

- Jede E-Mail muss gelesen und in der vereinbarten Zeit beantwortet werden.

- Vor dem Verfassen einer Mail soll jeder sorgfältig abwägen, ob sie das richtige Medium ist oder ein anderes besser geeignet ist.

- Mails sollen immer einen „Betreff" haben.

- Die Mailbox wird von allen regelmäßig gecheckt.

- Neue Termine werden schnell in den gemeinsamen Kalender eingetragen.

- Vor dem Versenden einer Mail ist zu bedenken: Wer benötigt welche Information wann, warum und wofür?

Phasen der Teamentwicklung

Wie werden Teams arbeitsfähig? B.W. Tuckmann beschreibt ein Phasenmodell der Teamentwicklung. Die Phasen sind: Forming, Storming, Norming, Performing.

In der ersten Phase ist der Leiter eines Teams gefordert, Orientierung zu geben und Regeln aufzustellen, damit das Team sich in einem Rahmen finden kann. In der Storming-Phase treten Konflikte zwischen den Teammitgliedern offen oder verdeckt zu Tage. Dies ist in internationalen Teams aufgrund der kulturellen Unterschiede häufig der Fall – allerdings werden diese Konflikte oft nicht angesprochen. Die Aufgabe des Projektleiters ist es hier, diese Konflikte zu thematisieren und Raum für Klärung zu geben. Überwindet das Team diese Phase, erreicht es die Norming-Phase. Die vom Team aufgestellten Regeln und die sich entwickelnden Normen fruchten und lassen das Team zu Höchstleistungen reifen. Dies ist ein Signal, dass das Team die Performing-Phase erreicht hat. Die Rolle des Leiters verändert sich hier: Er wird zum Moderator des Teams.

Steuerung internationaler Teams

Smith und Berg (K. Smith, D. Berg, Cross-Cultural Group at work, in: European Management Journal, S. 8 - 15, 1997) beschreiben die folgende Grundhaltung für den Umgang in internationalen Teams: „Lerne von anderen zu lernen!". Das bedeutet, dass alle im Projekt anerkennen müssen, dass es eine Menge an Informationen über andere Teile der Welt bzw. Kulturen gibt, von denen man bisher wenig oder gar nichts wusste. Rothlauf nennt Grundsätze für die Zusammenarbeit in internationalen Teams (J. Rothlauf, Interkulturelles Management, München 1999):

- Nehmen Sie zur Kenntnis, dass der internationale Partner von unterschiedlichen Vorstellungen, Motiven und Überzeugungen geprägt ist.

- Lernen Sie, die andere Kultur zu verstehen und zu respektieren, unabhängig davon, ob es sich um Protokollfragen, soziale Belange oder um Überzeugungen handelt.

- Machen Sie sich mit dem Entscheidungsverhalten der neuen Umgebung vertraut. Lernen Sie Grundkenntnisse über die Verhandlungstaktik und entwickeln Sie Gegenstrategien.

- Geduld ist der Schlüssel zum Erfolg. Denken Sie langfristig und nicht in Deadlines.
- Lernen Sie die Menschen verstehen, die ein anderes Verhältnis zu Zeit und Pünktlichkeit haben.
- Der Aufbau eines persönlichen Beziehungsnetzwerkes steht über allem.
- Das nonverbale Verhalten ist Schlüsselelement aller Verhandlungen.
- Bilder sagen mehr als tausend Worte: Beziehen Sie in Präsentationen Zeichnungen, Diagramme, Fotos oder Kopien der Formulare o.Ä. mit ein.
- Ein Projektteam zusammen zu schmieden, beginnt damit, dass alle sich auf die unterschiedlichen Kulturen einlassen.

Teamfaktoren

Dave Francis und Don Young entwickelten einen Fragebogen, der Hinweise auf die Ausprägung von 12 Teamfaktoren gibt. Je nachdem, wie schwach oder stark die einzelnen Faktoren ausgeprägt sind, gibt dies Hinweise auf mögliche Schwierigkeiten in der Teamarbeit. Die Analyse hilft dem Projektleiter, gezielte Maßnahmen zur Förderung der Teamarbeit einzuleiten. Die Faktoren sind im Einzelnen:

- Führung
- Qualifikation
- Engagement
- Klima
- Leistungsniveau
- Rolle in der Organisation
- Arbeitsmethoden
- Organisation
- Kritik
- Persönliche Weiterentwicklung
- Kreativität
- Beziehung zu anderen Gruppen

(Quelle: D. Francis, D. Young, Mehr Erfolg im Team, Hamburg 1996)

Team-Kultur-Check

Der Team Kultur Check basiert auf den Kulturdimensionen von Geert Hofstede und unterstützt den Projektleiter dabei, sich auf schwierige Situationen, die aufgrund von interkulturellen Unterschieden auftreten können, vorzubereiten. Hierzu wird folgende Matrix erstellt:

Nationalität der Projektteammitglieder	Macht-Distanz-Index	Individualität vs. Kollektivität	Maskulinität vs. Feminität	Unsicherheits-vermeidungs-index

In die Spalte „Nationalität" werden die Herkunftsländer der Projektmitglieder eingetragen (Projektleiter nicht vergessen!). Die einzelnen Werte zu den Dimensionen können dem Internet (www.geert-hofstede.com) entnommen werden. In die Matrix können entweder die Indizes eingetragen werden (wie in der Tabelle), oder es können Tendenzen mit Pfeilen deutlich gemacht werden. Zu den Kategorien siehe auch S. 31. Die synoptische Darstellung zeigt auf einen Blick, wo Ähnlichkeiten und Unterschiede in den Kulturdimensionen auftreten können. Aufgrund dieser Matrix kann sich der Projektleiter gut auf die Situation und seine Rolle im Projekt vorbereiten. Die Matrix kann auch erste Hinweise auf mögliche kritische Situationen geben. Wichtig ist es allerdings zu beachten, dass der Team-Kultur-Check nur Hinweise geben kann und nicht allzu dogmatisch gesehen werden sollte.

Telefonkonferenz

Vorbereitung

Für den Konferenzleiter:

- Generell gilt: Planen Sie die Telefonkonferenz ebenso sorgfältig wie ein Präsenzmeeting.
- Was ist der Anlass der Telefonkonferenz? Teilen Sie den Anlass schon bei der Einladung mit. Mögliche Gründe sind z. B. regelmäßige Abstimmung, Krisensitzung.

- Legen Sie eine Agenda fest und teilen Sie diese den Teilnehmern mit (vorab per E-Mail versenden).
- Welche Teilnehmer sind erforderlich? Wo befinden sich diese zum Konferenzzeitpunkt (Büro, unterwegs)?
- Wie lange soll die Konferenz voraussichtlich dauern?

Für die Konferenzteilnehmer:

- Zu welchen Punkten der Agenda werden Beiträge von Ihnen erwartet?
- Haben Sie alle Unterlagen physisch oder elektronisch griffbereit?

Während und nach der Konferenz

Für den Konferenzleiter:

- Stellen Sie sich als Konferenzleiter vor.
- Begrüßen Sie die Teilnehmer mit Namen.
- Stellen Sie durch Rückfrage sicher, dass allen Teilnehmern die Agenda und nötige weitere Unterlagen vorliegen.
- Stehen Punkte zur Klärung oder Abstimmung an, bitten Sie die Teilnehmer einzeln und namentlich um ihre Stellungnahme bzw. ihr Votum.
- Vereinbaren Sie einen Termin für eine Folgekonferenz, soweit erforderlich.
- Versenden Sie ein Ergebnisprotokoll.

Für die Konferenzteilnehmer:

- Insbesondere bei neu etablierten Teilnehmerkreisen oder größeren Konferenzen: Nennen Sie zu Beginn Ihrer Wortbeiträge Ihren Namen und Ihre Funktion.
- Vermeiden Sie störende Hintergrundgeräusche: Schließen Sie die Bürotür, schalten Sie sich bei Nutzung einer Freisprecheinrichtung stumm, wenn Sie gerade nicht sprechen (Festnetz oder Handy gleichermaßen).

4

Videokonferenz

Da eine Videokonferenz nicht mit einem persönlichen Gespräch zu vergleichen ist, sollten während des Gesprächs einige Verhaltensregeln beachtet werden, um Kommunikationsprobleme und Missverständnisse zu vermeiden. Da es keinen echten Blickkontakt gibt, muss dieser simuliert werden. Dies gelingt Ihnen am besten, indem Sie die Kamera direkt über Ihrem Wiedergabedisplay platzieren.

- Platzieren Sie die Kamera direkt über dem Monitor (bei größeren Auf- oder Rückprojektionen ggf. auch darunter).

- Achten Sie darauf, dass Sie in etwa auf gleicher Höhe mit der Kamera sind. Eine falsche Kameraposition kann das Gefühl der Überlegenheit beziehungsweise der Unterordnung hervorrufen.

Das Sprechen

- Sprechen Sie in normaler Lautstärke, aber nicht zu schnell.

- Sprechen Sie deutlich und klar artikuliert, da je nach Übertragungsbandbreite und Lautsprechersystem Qualität und Sprachverständlichkeit verloren gehen können.

- Schalten Sie bei längeren Sprechpausen das Mikro ab. Dies ist vor allem in Mehrpunktkonferenzen oder bei längeren Präsentationen eines Standortes sinnvoll. Teilen Sie dies Ihrem Gegenüber mit.

- Vermeiden Sie das gleichzeitige Sprechen von mehreren Personen.

Das Verhalten

- Verhalten Sie sich möglichst natürlich.

- Begrüßen Sie Ihr Gegenüber zu Beginn der Konferenz und stellen Sie sich und andere Teilnehmer vor. Beginnen Sie nicht sofort mit dem ersten Tagesordnungspunkt, sondern erkundigen Sie sich zuerst beispielsweise, ob die Technik einwandfrei funktioniert. Begleitendes Motiv dabei ist, dass Sie die zumeist angespannte Anfangssituation auflockern. Dies ist vor allem in internationalen Konferenzen wichtig.

- Papierrascheln, Fingertippen oder das Herumrutschen mit den Füßen nimmt Ihr Gegenüber wahr. Es führt zu einer unruhigen Atmosphäre und sollte deswegen vermieden werden.

- Wie in einem persönlichen Treffen spielt auch in der Videokonferenz Ihre Körpersprache (Mimik und Gestik) eine starke Rolle.

- In der Regel ermöglicht ein zweiter Monitor oder ein PiP (Picture in Picture) eine Kontrolle des an die Gegenstelle übertragenen Bildes. Überprüfen sie hierin Ihre Sitzposition, Mimik und die Kameraeinstellung.

- Sorgen Sie dafür, dass Sie entspannt sind und sich wohl fühlen. Stellen Sie Getränke bereit.

- Lächeln Sie, wenn Sie die Videokonferenz beenden, denn Ihr Gegenüber achtet auf Ihre Körpersprache und gewinnt sonst schnell den Eindruck, dass Sie mit dem Verlauf der Konferenz unzufrieden waren.

- Stellen Sie sicher, dass die Verbindung nach der Konferenz auch wirklich getrennt wird.

Vision Web™

Dieses Kauf-Simulationsspiel – eine interaktive Übung – unterstützt das Team dabei, im Kick-Off-Meeting ein Gespür für die Zusammenarbeit als Projektteam, geleitet von einer Vision, zu entwickeln. Die Teilnehmer

- lernen, dass die Wahrscheinlichkeit, gemeinsam ein Unternehmensziel zu erreichen, höher ist, wenn dieses allen bekannt ist.

- lernen die Auswirkungen eines autokratischen und zentralisierten Führungsstils auf die Teamarbeit kennen.

- erkennen die Vorteile einer Führung, die die Vision mit den Mitarbeitern teilt und das Team unterstützt.

- spüren den Enthusiasmus und die positive Energie, die entstehen, wenn ein Team zusammen arbeitet, um sein Ziel zu erreichen.

Diese Lerneffekte erzielt die Übung durch ihre besondere Struktur: Die Teilnehmer sollen gemeinsam einen Turm aus Holzzylindern aufbauen. Nur: Im ersten Teil der Übung kennt nur ein Teilnehmer, der freiwillig als „Chef" fungiert, dieses Ziel. Die anderen kennen das Ziel nicht, sitzen mit dem Rücken zum Tisch mit den Holzzylindern und versuchen, den Turm mittels verschiedener Utensilien wie Seilen und Griffen, also ohne direkten Kontakt zum Ergebnis ihrer Arbeit, aufzubauen. Sie reagieren dabei nur auf die Anweisungen des „Chefs", wie „ziehen" oder „lockerlassen". Der „Chef" kann dabei besonders erfolgreiche Teammitglieder mit der Vergabe von zusätzlichen Seilgriffen begünstigen oder erfolglose Mitglieder „entlassen".

In Teil 2 beginnt das Spiel von vorne – mit dem Unterschied, dass der Trainer die Chefrolle übernimmt und dass nun alle Teilnehmer das Ziel kennen, in Richtung Tisch schauen, sich frei bewegen und die Holzzylinder direkt anfassen dürfen. Der Effekt: Die Gruppe arbeitet schnell und mit Enthusiasmus zusammen. Einige Teilnehmer übernehmen vielleicht eine Führungsrolle. Die Gruppe bewältigt die Aufgabe in den meisten Fällen relativ leicht – ganz ohne Anweisungen von außen. Zum Schluss wird die Übung ausgewertet: Welche Erkenntnisse haben die Teilnehmer für die Arbeit im Projektteam gewonnen? (Bezugsquelle: Star Thrower Distribution, St.Paul, MN, USA)

5 Das internationale Projekt abschließen

Der Abschluss des Projekts ist für Sie als Projektleiter ein wichtiger Meilenstein. Jetzt wird für jeden ersichtlich, ob das internationale Projekt erfolgreich war und wir Ihre Leistung als Projektleiter einzuschätzen ist. Wichtige Aspekte sind hier

- die Vorbereitung der Projektabnahme,
- das Debriefing und das Feedback aus dem Projektverlauf, damit die wertvollen Erfahrungen der Zusammenarbeit nicht verloren gehen,
- die Auswertung der Ergebnisse des Projekts, um herauszustellen, dass die dem Projektauftrag zugrundeliegenden Ziele erreicht wurden.

Haben Sie und Ihr Projektteam hierfür noch die Energie? Damit Ihnen auf der Zielgeraden nicht die Puste ausgeht, helfen Ihnen die folgenden Anregungen weiter.

Alles zusammenführen: Die Projektabnahme vorbereiten

DAS SZENARIO

IT-Leiter Thomas Münch, der uns auf S. 104 schon einmal begegnet ist, hat sein Projekt erfolgreich um einige Klippen gesteuert. Die Prozesse sind mittlerweile getestet, die IT-Infrastruktur steht und die ersten Märkte sind umgestellt. Letzte Änderungen aus den Testläufen sind jetzt noch zu integrieren. Dies ist allerdings schwieriger als gedacht, da die beteiligten Mitarbeiter mittlerweile in neue Projekte eingebunden sind. Auch Thomas Münch ist bereits mit der Planung eines Kosteneinsparprojekts beschäftigt und dort fast zu 100 % involviert. Er muss dringend einen Termin mit dem Projektsteuerkreis und dem Auftraggeber vereinbaren, um das alte Projekt offiziell abzuschließen. Wie kann es ihm gelingen, die Energien im Team noch einmal zu bündeln, um die letzten Arbeiten zu beenden?

Wege zur Lösung

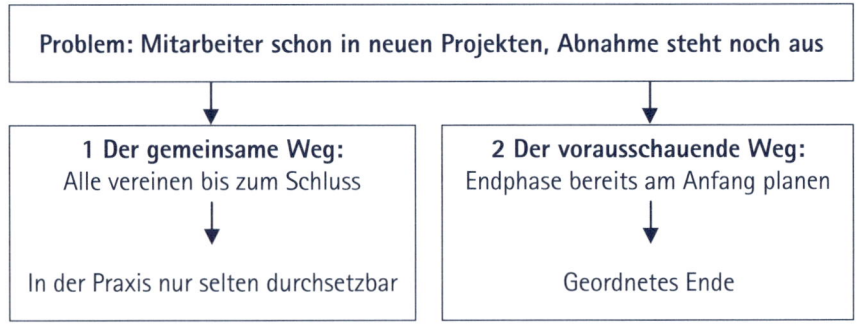

1 Der gemeinsame Weg: Alle vereinen bis zum Schluss

Ein Projekt endet mit der Abnahme. Das heißt, Ihr Auftraggeber entscheidet, ob das Projekt nach den im Projektauftrag skizzierten Vorgaben abgeschlossen wurde. Das ist eine wichtige Phase für Sie, weil hier Ihre Leistung als Projektleiter deutlich wird. Daher sollten Sie alle Hebel in Bewegung setzen, damit das Projekt zeitgerecht und in der geforderten Qualität übergeben wird. Falls Ihr Handlungsmotto „Der Star ist die Mannschaft" ist, könnten Sie den Fokus darauf legen, das Projekt gemeinsam im Team abzuschließen – bestenfalls mit einer gemeinsamen Videokonferenz, in der der Auftraggeber allen Beteiligten ausdrücklich dankt.

Dies geschieht in internationalen Kontexten in den wenigsten Fällen. Es passt auch nicht in alle internationalen Kontexte: Was geschieht, wenn einige Projektmitglieder aus maskulin-individualistischen Kulturen (z. B. USA, UK oder Italien) dieses Forum nutzen, um sich zu profilieren? Daneben ist es Realität, dass die Mitarbeiter des Projektteams in den letzten Projektphasen oft schon mit neuen Aufgaben bzw. Projekten beschäftigt sind oder in ihre Linienfunktion zurückgewechselt sind und deswegen gar keine Zeit haben, an solchen gemeinsamen Abschlüssen mitzuwirken. Dazu kommt, dass die letzten Projektaufgaben oft zeitraubende Detailtätigkeiten und aus sich heraus wenig motivierend sind. Auf der anderen Seite sind in der Schlussphase oft wichtige Dinge zu entscheiden – der Teufel steckt auch in internationalen Projekten im Detail. Daneben ist es entscheidend, dass alle an das Projekt gestellten Kriterien erfüllt werden. Wie kann der Weg bis zum Ziel dennoch möglichst gemeinsam beschritten werden? Ein paar Tipps und Ideen dazu: Sie könnten

- das Projektende von vornherein planen, d. h. insbesondere den Aufwand für Pflege- und Detailaufgaben abschätzen;

- in der Endphase des Projekts darauf achten, dass Sie weiterhin eng am Team bleiben und das Projekt nicht „ausfransen lassen";

- so zeitig wie möglich einen offiziellen Termin zur Projektübernahme durch den Auftragnehmer vereinbaren, damit jedem Projektbeteiligten klar ist, bis wann die Tätigkeiten zu erledigen sind;

5

- gerade in der Endphase dafür Sorge tragen, dass die vereinbarten Reports und Dokumentationen absprachegemäß genutzt werden, da diese ein Qualitätsnachweis sind;

- für Transparenz im Team sorgen, so z. B. offenlegen, wer das Team schon verlässt, wie die verbleibenden Aufgaben neu verteilt werden.

Bedenken Sie darüber hinaus, welche Anforderungen der Auftraggeber an die Form der Projektübernahme stellt. Wie können Sie am Ende noch durch Nachforderungen oder ähnliches in Druck geraten? Hier sollte Sie die Frage leiten, wie Sie die Teamressourcen nutzen könnten, um eine „wasserdichte" Übernahme zu gestalten. Für Sie als Projektleiter bedeutet der Projektabschluss als gemeinsames Team noch mal einen erhöhten Koordinations- und Gesprächsbedarf, so z. B. durch Gespräche mit Abteilungsleitern, zu denen die Projektmitarbeiter wechseln. Zeigen Sie nach Möglichkeit Präsenz (auch über E-Mail oder Telefon), damit auch weiterhin Ihre Steuerung des Projekts deutlich wird. Schieben Sie Ihren eigenen Start in ein neues Projekt nach Möglichkeit so lange auf, bis das alte Projekt offiziell übergeben ist.

 PRO

Qualität: Je länger das gesamte Projektteam zur Verfügung steht, umso mehr Ressourcen stehen Ihnen zur Verfügung, die geforderte Qualität im Projekt zu erreichen, das ist klar.

 CONTRA

Karriere: Das Projekt auf Biegen und Brechen mit dem gesamten Team bis zur Endabnahme durchzuführen, ist ein schönes Ziel, entspricht aber nicht der Realität. Vergeuden Sie Ihre Ressourcen nicht, denken Sie lieber daran, wie Sie in der Endphase die Tätigkeiten bündeln – eine 90-prozentige Projektlösung ist ein 100-prozentiger Misserfolg für Sie!

Fazit: Wann dieser Weg Erfolg verspricht

Projektarbeit ist Teamarbeit; natürlich ist es da wünschenswert, dass der Weg bis zur Zielgeraden gemeinsam beschritten wird. In der Realität ist das eher bei Projekten der Fall, die mit dem Erreichen eines Ziels automatisch enden, also etwa der Realisierung eines internationalen Events. Anders ist es bei Projekten, deren Ergebnis nach und nach in Regelprozesse und Abläufe integriert wird. Grundsätzlich ist der Projektabschluss nicht immer unbedingt eine Teamleistung. Zum einen ist es Ihre Aufgabe als Projektleiter, den formalen Abschluss des Projekts vorzunehmen, zum anderen birgt die gemeinsame Präsentation des Ergebnisses auch gewisse Risiken, z. B. dass bestimmte Mitarbeiter das Forum nutzen, um sich für die Erreichung eigener Ziele selbst zu profilieren. Wenn daneben in Ihrem Projektteam gegen Ende Mitarbeiter bereits mit anderen Aufgaben beschäftigt sind, sorgen Sie für Klarheit und schichten Sie schnell Aufgaben um. Oberstes Ziel kann nur sein, dass Sie Ihren Auftrag gegenüber dem Auftraggeber erfüllen. Wägen Sie also ab, für was Sie Ihre Energie in der Endphase des Projekts einsetzen. Dass Sie sich in irgendeiner Form beim Team bedanken und den Erfolg nach Möglichkeit feiern – wie auch immer – ist eine Selbstverständlichkeit.

2 Der vorausschauende Weg: Endphase am Anfang planen

Ein Projektübergabemeeting mit dem gesamten Projektteam ist meistens unrealistisch: Nicht nur, dass die Projektteammitglieder mit neuen Aufgaben konfrontiert werden, auch Sie können in neue Projekte gezogen werden. Ein neues Projekt starten und ein altes abschließen – da bleibt meistens etwas auf der Strecke. Zweimal 80 % Leistung sind zweimal 20 % zu wenig. Kalkulieren Sie daher bei der Planung des Projekts ein, dass die Endphase noch einmal viel Energie von Ihnen verlangt. Jetzt zahlt es sich aus, wenn Sie im Laufe des Projekts gute informelle Drähte zu den Projektmitgliedern oder den Teilorganisationen im Ausland aufgebaut haben: Ein kurzes Telefonat mit den richtigen Personen hilft oft, den Verbleib von Mitarbeitern im Team sicherzustellen. Daneben sind weitere Informationen für Sie wertvoll: Was tut sich gerade außerhalb des Projekts und welchen Einfluss haben diese Faktoren auf Ihr Projekt? Nutzen Sie diese Informationen bei der Erstellung Ihrer Abschlusspräsentation. Unterschätzen Sie den Zeitaufwand der Planung der Endphase nicht. Sie sollten dafür folgende Fragen beantworten:

- Wo in welcher Form erfolgt die Übergabe?
- Welche Mitarbeiter des Projektteams sollten anwesend sein?

- Welche Rolle sollen diese Mitarbeiter übernehmen?
- Welche Einwände könnte der Auftraggeber vorbringen und wie reagieren Sie darauf?
- Welche zusätzlichen Kosten könnten anfallen und wie fängt Ihr Budget diese ab?
- Welche Arbeitsproben könnten den Auftraggeber überzeugen?
- Welche interkulturellen Aspekte sind bei der Übergabe zu beachten?
- Wie stellen Sie sicher, dass das Projekt nach der Abnahme in einen normalen Workflow überführt wird?
- Welche kurzfristigen Entscheidungen bis zur Abnahme stehen noch an?
- Welche Punkte sind noch offen und können bis zur Projektabnahme nicht mehr geklärt werden?
- Welche formalen Strukturen müssen im Rahmen der Projektabnahme eingehalten werden?
- Welche informellen Kontakte und Wege können Sie nutzen, um den Projektabschluss erfolgreich zu gestalten?

Noch ein Tipp: Pflegen Sie internationale Netzwerke auch über das Projektende hinaus. Für weitere Projekte können diese Ihnen helfen, schnell ein schlagkräftiges Team aufzubauen und dadurch Zeit zu sparen.

Die Übergabe selbst erfolgt dann bei einem Abnahmegespräch bzw. einer Abnahmepräsentation gemeinsam mit Ihnen und dem Auftraggeber. Zusätzlich können wichtige Mitarbeiter des Projektteams dabei sein, z. B. Projektkoordinatoren aus den Standorten vor Ort oder Fachexperten, die auf konkrete Fragen des Auftraggebers wichtige Antworten geben können.

Achten Sie darauf, dass die Beschreibung der Übergabeleistungen keine Interpretationsspielräume offen lässt. Dies gilt insbesondere vor dem Hintergrund ausländischer Märkte mit lokalen Kriterien und bestimmten rechtlichen Rahmenbedingungen.

Da die Endphase eines Projekts oft von kurzfristigen Änderungen und vielen Aktivitäten geprägt ist, fallen hier häufig unerwartete Kosten an. So wird erhöhter Reisebedarf mit den damit verbundenen Reisekosten schon mal gerne übersehen und nicht eingeplant. Das kann dann auf der Zielgeraden das Budget rasch sprengen.

So entschärfen Sie die Bombe:

1   Planen Sie zusätzliche Kosten (z. B. Reise- oder Personalkosten) für die Endphase des Projekts von vornherein mit ein.

2   Lassen Sie sich diese Kosten auf keinen Fall bei der Budgeterstellung reduzieren – an anderer Stelle ist Sparen oft einfacher.

PRO

Kosten: Planung ist das halbe Leben. Aus der Not heraus zum Projektende irgendetwas zu improvisieren, wie z. B. kurzfristig Ressourcen anzufordern, ist meistens mit Kosten verbunden, die bei sorgfältiger Planung vermieden werden können.

Qualität: Wenn Sie sich bewusst machen, dass die Endphase eines Projekts einen erhöhten Aufwand an Energie, Kosten und Ressourcen bedeutet und dementsprechend voraus planen, wird sich dies auf die Qualität des Ergebnisses auswirken.

CONTRA

Kosten: „Je straffer die Planung, umso härter trifft der Zufall!" – Wie realistisch ist die genaue Planung der Endphase des Projekts bzw. der Projektabnahme im Vorfeld? Eine spontane Planung, in Abhängigkeit zu den aktuellen Gegebenheiten des Projekts, lässt unter Umständen eine schlankere Projektabnahme zu.

Fazit: Wann dieser Weg Erfolg verspricht

Ein professionell gemanagtes Projekt zeichnet sich durch einen geplanten Start und ein geplantes Ende aus. Wenn das Projekt – insbesondere die Endphase – nicht durch Erschütterungen von außen (z. B. Wirtschaftskrise, Unternehmensfusionen) komplett verändert wird, zahlt sich eine möglichst detaillierte Planung der Endphase immer aus. Je genauer Sie wissen, was auf Sie und Ihr Team zukommt, umso exakter können Sie einschätzen, ob der

Projektabschluss mit eventuell neu auf Sie zukommenden Tätigkeiten vereinbar ist. Das bietet Ihnen eine gute Grundlage für Gespräche mit Ihren Vorgesetzen bzw. Auftraggebern.

Unser Weg: Nutzen der guten Kontakte – so sind wir vorgegangen

Es gelang Thomas Münch, durch seine guten Kontakte nach Indien, die Mitarbeiter des Projektteams für weitere drei Wochen weitgehend von anderen Aufgaben zu befreien. Dennoch war absehbar, dass das Projekt zum vereinbarten Übergabetermin nur zu 90 % abgeschlossen sein würde. Münch erstellte gemeinsam mit seinem Koordinator vor Ort einen Abschlussreport mit Berücksichtigung der noch offenen Punkte sowie einer Kapazitätsplanung bis zur Erreichung des vollständigen Abschlusses. Er entschied sich, die Übergabe gemeinsam mit dem indischen Koordinator durchzuführen. Die beiden hatten sich mit guten Argumenten gerüstet, aus welchem Grund noch „Restarbeiten" durchzuführen sind. Der indische Koordinator sollte für die Koordination dieser Tätigkeiten die Verantwortung übernehmen. So schaffte sich Thomas Münch den nötigen Freiraum für seine neue Projektaufgabe. Der Auftraggeber zeigte sich mit dem Projektergebnis und dem Vorschlag zur Weiterführung zufrieden.

 KLARTEXT: DIE PROJEKTABNAHME VORBEREITEN

1 Planen Sie die Übergabe und Abschlusspräsentation langfristig: Die internationale Abstimmung von Terminen kann lange dauern.

2 Bereiten Sie sich auf Mehrarbeit in der letzten Projektphase vor – es wird vermutlich hektisch werden.

3 Werden Sie beim Projektabschluss nicht zum Spielball unternehmenspolitischer Interessen der Auftraggeber.

4 Stellen Sie die Qualität der Zusammenarbeit des Projektteams im Rahmen der Übergabe heraus – schließlich ist das Ergebnis eine Gesamtleistung.

Debriefing und Feedback – auch international möglich

Kathrin Baum leitet ein internationales Projekt in einem Maschinenbaukonzern, der sich auf die Herstellung von Textilmaschinen spezialisiert hat. Vom deutschen Standort aus wurden die Maschinen mittlerweile beim Käufer in Dhaka (Bangladesh) aufgebaut. Das Projekt wurde gemeinsam mit der Tochterfirma in Usbekistan durchgeführt. Besondere Herausforderungen waren neben den anfänglichen Abstimmungsproblemen zwischen Usbekistan und Deutschland die schwierigen Bedingungen vor Ort in Bangladesh sowie das Procedere mit diversen Zollformalitäten. Nun ist das Projekt in der letzten Phase; Kathrin Baum wird das Unternehmen nach Abschluss des Projekts zunächst für einige Zeit verlassen, da sie Erziehungszeit nehmen wird. Kathrins Manager fürchtet nun, dass das wertvolle Know-how, das mit der Projektarbeit angesammelt wurde, ungenutzt versickert und nachfolgende Projekte wieder bei Null anfangen. Was ist zu tun, damit das Wissen nicht verloren geht?

5

Wege zur Lösung

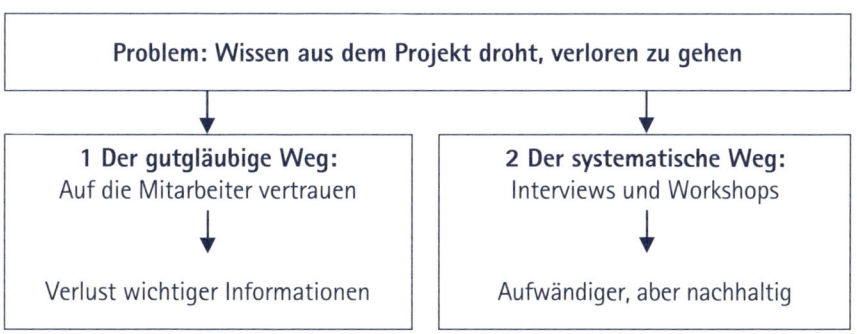

Problem: Wissen aus dem Projekt droht, verloren zu gehen

1 Der gutgläubige Weg: Auf die Mitarbeiter vertrauen	2 Der systematische Weg: Interviews und Workshops
Verlust wichtiger Informationen	Aufwändiger, aber nachhaltig

1 Der gutgläubige Weg: Auf die Mitarbeiter vertrauen

Das Projekt liegt in den letzen Zügen. Sie haben die Zielfahne schon vor Augen. Und jede Menge Erfahrungen sind in der Projektarbeit gesammelt worden, die die Durchführung weiterer Projekte extrem erleichtern können. Man muss schließlich nicht zweimal mit der Nase gegen dieselbe Wand rennen. Das Debriefing, die Nachbesprechung, dient dazu, das relevante Projektwissen und die Erfahrungen dem Unternehmen bzw. zukünftigen Projektteams zur Verfügung zu stellen. Es ist ein wichtiger Teil des Wissensmanagements. Gerade in internationalen Projekten sind Erfahrungen und die Vermeidung von Fehlern aufgrund des Debriefing bares Geld wert. Denn in internationalen Kontexten ist jedes Meeting meistens mit erheblichen Kosten wegen erforderlicher Reisen etc. verbunden. Erfahrungen können helfen, diese Kosten zu vermeiden. Daneben ist es auch gut zu erfahren, was eine Projektleitung bei künftigen Projekten besser machen könnte (Inhalte des Debriefing, siehe Tool S. 194). Wie können Sie es aber steuern, dass möglichst das gesamte relevante Wissen aus dem Projekt hinterher nutzbar bleibt? Sie können ergänzend zu den standardisierten Reports bzw. Statusberichten eine zusätzliche Rubrik einrichten, in die Mitarbeiter die Erfahrungen und sonstigen wichtigen Dinge eintragen. Diese werden dann auf einer Intranetplattform zur Verfügung gestellt. Eine ähnliche Vorgehensweise ist zum Ende des Projekts möglich, indem Sie die Projektteammitglieder bitten, die Erfahrungen oder Empfehlungen fürs nächste Projekt aufzuschreiben. Dabei müssen Sie darauf vertrauen, dass sich alle Erfahrungen in den Aufzeichnungen wiederfinden und keine wertvollen Infos verloren gehen.

 CONTRA

Qualität: Dieser Weg greift zu kurz. Wertvolle Erfahrungen gehen verloren.

Karriere: Ein zweites Mal den gleichen Fehler machen, Erfahrungen nicht nutzen? Das kann sich auf Ihre Karriere nur negativ auswirken.

Fazit: Wann dieser Weg Erfolg verspricht

Wenn Sie den Prozess des Debriefing mehr oder weniger unsystematisch auf die Projektteammitglieder übertragen, ist die Gefahr groß, dass nur subjektiv als wichtig empfundene Aspekte gesammelt werden – wenn überhaupt, denn in der Endphase des Projekts ist das Team noch mal so richtig unter Dampf und nach Abschluss eines Projekts sinkt die Motivationskurve, noch irgendwelche Erfahrungsberichte auszufüllen, rapide ab. Zumal viele Mitarbeiter dann auch schon in andere Aufgaben eingebunden sind. Dazu kommen interkulturelle Aspekte: Werden auch wirklich kritische Punkte genannt? Die Chance, ein wirklich umfassendes Bild der Erfahrungen zu erhalten, ist nicht besonders hoch.

2 Der systematische Weg: Interviews und Workshops

Je systematischer Sie die Erfahrungen und bewährten Vorgehensweisen erfassen, umso einfacher können Sie sie später nutzen. Es bieten sich hier Interviews und Workshops an.

Interviews haben den Vorteil, dass Sie diese auch per Telefon durchführen können. Mit einem halbstandardisierten Interview erfassen Sie strukturiert die für weitere Projekte notwendigen Informationen. Erfragen Sie auch die Erfahrungen zu „weichen Themen" wie Kommunikation, Information oder Zusammenarbeit. Beachten Sie in diesem Zusammenhang jedoch die interkulturellen Aspekte: Wie groß ist die Chance, eine offene Antwort von Ihrem Gesprächsteilnehmer zu erhalten? Bringen Sie ihn in Verlegenheit, wenn Sie gewisse Fragen stellen?

Es besteht natürlich die Möglichkeit, einen Debriefing-Workshop durchzuführen. In moderierten Kleingruppen erarbeiten die Teams dort Erfahrungen, Best practices und Empfehlungen für zukünftige Projekte. In Projekten, die sich aus Teams unterschiedlicher Regionen zusammensetzen, bietet sich die Durchführung regionaler Workshops an. So ein Workshop ist eine gute Gelegenheit für Sie als Projektleiter, noch ein „Abschlussevent" zu veranstalten. Dies gibt Ihnen die Möglichkeit, den Mitarbeitern in einer angemessenen Art und Weise für ihren Einsatz und ihr Engagement zu danken.

Das Ergebnis der Debriefing-Phase sollte in einer Art Wissensportal im Intranet allen Mitarbeitern zugänglich gemacht werden. Besonders nutzerfreundlich ist es, wenn die Lessons Learned als kurze knackige Texte oder konkrete Tipps formuliert sind.

5

PRO

Termine: Die Erfahrungen werden den nächsten Projekten zur Verfügung stehen. Das unterstützt Sie und andere dabei, Termine besser zu planen und die Realisierung sicherzustellen.

Karriere: Wissensmanagement ist heute eine Führungsaufgabe. Je aktiver Sie nachweisen, dass Sie Know-how nutzbar machen, umso deutlicher wird auch Ihre Kompetenz in diesem Bereich hervortreten.

CONTRA

Kosten: Debriefing-Prozesse kosten Geld. Workshops verursachen Reisekosten, eine Intranetplattform Systemkosten – andererseits sind diese auch in Relation zu zukünftig einzusparenden Kosten zu sehen.

Unser Weg: Telefonische Interviews durch neutralen Dritten – so sind wir vorgegangen

Kathrin Baum hat sich entschieden, mit den Projektbeteiligten telefonische Interviews durchzuführen. Um möglichst neutrale und offene Rückmeldungen zu erhalten, hat sie einen externen Berater gebeten, diese Aufgabe zu übernehmen. In einer E-Mail ans Projektteam kündigt sie die Vorgehensweise an. Die Ergebnisse wurden systematisiert im Intranet zur Verfügung gestellt. Mit Hilfe einer Software wurden sie nutzer- und leserfreundlich direkt den einzelnen Dokumentationen des Projekts zugeordnet. Eine weitere Lesson Learned aus diesem Prozess: Künftig findet das Debriefing parallel zum Projekt nach dem Erreichen der Meilensteine statt. So kann das erworbene Know-how bereits in die eigentliche Projektarbeit einfließen.

KLARTEXT: DEBRFIEFING UND FEEDBACK

1 Wissen, das nicht genutzt wird und versickert, kann zu enormen Kosten in zukünftigen Projekten führen.
2 Nutzen Sie die Erfahrungen des Teams.
3 Beugen Sie vor - rennen Sie nicht zweimal gegen dieselbe Wand.

Projektevaluation – gerade jetzt, gerade Sie!

DAS SZENARIO >>

Jan Peters hat das Projekt „Procurement Council" (siehe S. 128) abgeschlossen. Seit gut drei Monaten sind die veränderten Geschäftsprozesse etabliert. Der Vorstand der Holding hat ihm nun den Auftrag erteilt, er möge doch bitte den Nachweis erbringen, dass die dem ursprünglichen Projekt zugrundeliegenden Effekte, z. B. Bündelung der Lieferanten, Senkung der Kosten und Vereinfachung der Prozesse, tatsächlich eingetreten sind. Was soll Jan Peters tun, denn eigentlich ist weder Zeit noch Budget vorhanden für eine ausführliche Projektevaluation?

Wege zur Lösung

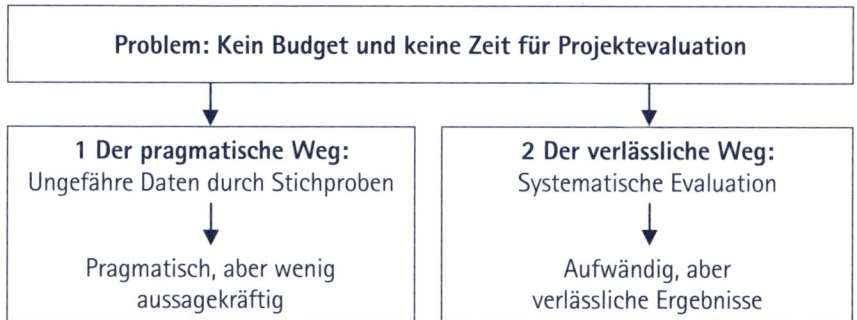

1 Der pragmatische Weg: Ungefähre Daten durch Stichproben

Wie können Sie nachweisen, dass die mit dem Projekt beabsichtigten Effekte auch tatsächlich eingetreten sind? Zugegeben, nicht immer sind Effekte einfach zu messen. Insbesondere wenn es sich um nicht quantifizierbare Ergebnisse handelt: Wie könnten Sie nachweisen, ob die einheitliche Durchführung bestimmter Prozesse das Procedere an sich vereinfacht hat? Ist die neue IT-Anwendung wirklich benutzerfreundlich? Wurde für das Projekt wirklich der effektivste Weg der Durchführung gewählt? Ein pragmatischer Weg, um den Nutzen eines Projekts zu bewerten, ist die Erhebung von Stichproben. Die Erhebung quantitativ messbarer Zahlen als Stichproben ist natürlich hier das einfachste. Meist liegen diese den Controlling-Bereichen vor. Schwierig in internationalen Kontexten ist es schon eher, dass unterschiedliche Märkte unterschiedliche Systeme zur Datenerhebung nutzen. Zur pragmatischen Erhebung qualitativ messbarer Zahlen helfen Ihnen ein paar Interviews schon mal fürs erste weiter. Achten Sie bei der Auswahl der Interviewpartner darauf, dass Sie weitgehend ehrliche Antworten erhalten. So kann es in asiatischen Ländern sinnvoll sein, zunächst den Vorgesetzten vom Hintergrund Ihrer Befragung zu informieren, bevor Sie das Interview mit dem eigentlichen Gesprächspartner führen. Der Vorgesetzte wird den Mitarbeiter dazu ermutigen, ehrlich auf die Fragen zu antworten, und sicherstellen, dass keinerlei negative Sanktionen zu erwarten sind. Achten Sie bei der Auswahl der Interviewpartner, die Sie als Stichprobenerhebung nutzen, auf eine relative Repräsentativität.

 PRO

Qualität: Pragmatik kann in bestimmten Fällen von Vorteil sein, z. B. wenn absolut kein Budget mehr vorhanden ist oder wenn es ein sehr kleines und kurzes Standard-Projekt war.

 CONTRA

Qualität: Die Qualität der Evaluation ist natürlich stark vom Zufall abhängig, wenn pragmatisch ein paar Daten gesammelt werden.

Kosten: Ist das Ergebnis der Evaluation wenig aussagefähig, ist jeder Euro dafür zum Fenster hinausgeschmissen.

Karriere: Belegen die nicht repräsentativen Evaluationsergebnisse, dass wesentliche Ziele des Projekts nicht erfüllt sind, war es das für Sie auf der Karriereleiter.

Fazit: Wann dieser Weg Erfolg verspricht

Es gibt Projekte, bei denen Ihnen zu bestimmten Ergebnissen relativ sichere Aussagen über den Nutzen und die beabsichtigten Effekte vorliegen. Im beschriebenen Projekt „Procurement Council" lässt sich schnell anhand der Lieferantenlisten feststellen, ob es zu der gewünschten Bündelung der Lieferanten gekommen ist. Manchmal treten allerdings nicht beabsichtigte Nebeneffekte auf, deren Gründe zunächst nicht offensichtlich sind: Die Kostensenkungseffekte sind eingetreten, doch sind die Mitarbeiter äußerst unzufrieden mit dem Verfahren und die Fehlerquote bei Bestellungen ist spürbar angestiegen. Die unsystematische Erhebung von Daten durch das Einholen einzelner Rückmeldungen von Mitarbeitern zum neuen Prozess ergibt zwar erste Anzeichen für mögliche Ursachen (z. B.: Die Mitarbeiter mussten langjährige Geschäftsusancen mit eingespielten Lieferanten zugunsten neuer Bestellverfahren aufgeben; dies senkte die Motivation und erhöhte die Fehlerquote). Das Verfahren kann allerdings die systematische Evaluation des Projekts nicht wirklich ersetzen.

2 Der verlässliche Weg: Systematische Evaluation

Die Evaluation von Projekten bedeutet die systematische Informationssammlung zur Bewertung von Projekten. Diese Informationen geben Ihnen und dem Auftraggeber fundierte Grundlagen an die Hand, um über den Erfolg des Projekts zu entscheiden. Die Messung von Effekten beruht meist auf einem Vorher-Nachher-Vergleich. Zur systematischen Evaluation ziehen Sie aussagefähige Daten heran. Umsatzzahlen oder Kosten lassen sich einfach vergleichen. Achten Sie darauf, ob die Zahlen tatsächlich alleine durch das Projekt verändert wurden oder ob dabei nicht auch andere Einflussfaktoren eine Rolle spielten. Die Auswertung von qualitativen oder „weichen" Effekten, wie etwa der Mitarbeiterzufriedenheit, können Sie anhand von strukturierten Interviews oder Fragebögen vornehmen. Hier ist auf die Einhaltung der Gütekriterien Validität (dass wirklich das gemessen wird, was gemessen werden soll), Reliabilität (wie genau und zuverlässig werden Effekte gemessen) und Objektivität (ob die Ergebnisse auch unabhängig vom Anwender der Evaluationsstudie sind) zu achten. Das heißt, die Fragebögen, Interviewfragen oder sonstige Messinstrumente sollten sorgsam erstellt werden, damit die Ergebnisse aussagekräftig sind.

Achten Sie daneben in internationalen Projekten auf mögliche interkulturelle Einflüsse beim Einsatz von Messinstrumenten. Hier begegnet Ihnen wieder der Effekt, wie ernsthaft und ehrlich Messinstrumente genutzt werden, damit keine „geschönten" Daten erhoben werden. Letzteres können Sie verhindern, indem Sie offen und transparent Ziel und Vorgehensweise der Evaluation kommunizieren. Binden Sie Ihre Projektpartner aktiv mit ein. Stellen Sie sicher, dass es im Schlepptau der Evaluation keine „hidden agenda" seitens des Auftraggebers gibt, der die Ergebnisse in einen „firmenpolitischen" Kontext stellen möchte (z. B. zur Einleitung umfangreicher Restrukturierungsmaßnahmen). Je professioneller und transparenter Sie die Evaluation durchführen, desto aussagekräftiger sind die Ergebnisse und somit bieten sie neben der Bestätigung des Projekterfolges auch gute Ansatzpunkte für Optimierungen in der Zukunft.

 PRO

Qualität: Systematische Evaluation, die die gewünschten Projektergebnisse messbar nachweist, gibt Ihnen als Projektleiter die Sicherheit, das Projekt auf hohem qualitativem Niveau durchgeführt zu haben.

Karriere: Ein erfolgreiches Projekt und das auch noch messbar – ein wichtiger Erfolg für Sie und eine gute Visitenkarte.

 CONTRA

Kosten: Die Durchführung einer systematischen Evaluation kostet Geld, insbesondere, wenn damit Reise- und sonstige Kosten verbunden sind. Eine Investition, die sich in den meisten Fällen lohnt, sichert sie doch auch den Auftraggeber ab, sich für das Richtige entschieden zu haben.

Fazit: Wann dieser Weg Erfolg verspricht

Die Projektevaluation ist ein gutes Instrument, das den Erfolg des Projekts misst. Darauf sollten weder Sie noch Ihr Auftraggeber verzichten. Bedenken Sie allerdings, dass nicht alle Kulturen Fragebögen oder Erhebungen mit der erforderlichen Offenheit ausfüllen werden; unter Umständen sind hier persönliche Gespräche oder die Einbindung einer Führungskraft vor Ort eine sinnvolle Alternative. Neben der Evaluation am Ende eines Projekts können Sie die Prozesse auch begleitend evaluieren. Das gibt Ihnen als Projektleiter eine zusätzliche Rückmeldung, dass die eingesetzten Methoden und Vorgehensweisen sinnvoll sind. Eine Projektevaluation können Sie außerdem als Akquisitionsinstrument für weitere Projekte nutzen.

Unser Weg: Rationale Datenauswertung – so sind wir vorgegangen

Jan Peters hat zunächst die zur Verfügung stehenden Daten über die Anzahl der Lieferanten und die angefallenen Kosten für den Einkauf von Materialien gesammelt und aufbereitet. Im Rahmen des nächsten Meetings hat er in einer kleinen Workshop-Einheit die Auswirkungen der veränderten Prozesse auf die lokalen Abteilungen bearbeitet und die Ergebnisse verdichtet. So konnte er den Vorstand vom Nutzen des Projekts überzeugen.

KLARTEXT: DEN PROJEKTERFOLG NACHWEISEN

1   Projektevaluation ist *die* Visitenkarte für Ihre Projektleiterleistung – lassen Sie sich das nicht entgehen.
2   Verlassen Sie sich nicht auf zufällig erhobene Daten – gehen Sie der Sache auf den Grund.
3   Nutzen Sie sowohl qualitative als auch quantitative Daten zur Evaluation.

5

Diese Tools brauchen Sie

@ NÜTZLICHE TOOLS

Tool	Kurzbeschreibung Stärken / Schwächen	Aufwand Nutzen
Abschluss-bericht ⬇	Zusammenfassung des Projekts durch den Projektleiter. Kostet Energie, ist aber wichtig für die Dokumentation der eigenen Arbeit und eine gute Visitenkarte für zu-künftige Projekte.	●●●● ★★★★★
Checkliste Projektab-schluss ⬇	Unterstützung des Projektleiters in der letzen Phase des Projekts. Einfaches Hilfsmittel.	● ★★★★★
Debriefing ⬇	Methode, die gesammelten Erfahrungen der Projektar-beit nicht versickern zu lassen, sondern für weitere Projekte zu nutzen. Effizient, kostet jedoch Energie.	●●●● ★★★★★
Projekteva-luation	Methode zum Nachweis der Bewertung der definierten Projektziele. Sinnvolles Verfahren, jedoch nicht immer einfach umzusetzen, insbesondere wenn es um die Messung qualitativer Effekte geht.	●●●●● ★★★★★
Projekt-übergabe	Offizieller Schlusspunkt des Projekts und Nachweis über Auftragserfüllung.	●●●● ★★★★★

Die mit dem Icon ⬇ gekennzeichneten Tools können Sie im Internet unter www.projektmagazin.de/klartext abrufen.

Die wichtigsten Tools – so funktionieren sie

Abschlussbericht

Der Abschlussbericht ist die Zusammenfassung des gesamten Projekts durch den Projektleiter. Der Bericht wird dem Lenkungsausschuss bzw. dem Auftraggeber – oft im Rahmen der Übergabe – zur Verfügung gestellt. Typische Inhalte sind:

- Ausgangssituation, Ziele, Inhalte, Budget
- Projektdetailplanung (PSP, Terminplan, Kostenplan)
- Beschreibung des Ablaufes (Projektänderungen, Controlling-Maßnahmen, Probleme und Störungen während der Durchführung, Erfahrungen)
- Soll-Ist-Vergleich in Bezug auf Qualität, Kosten, Termine
- Empfehlungen zu weiterem Vorgehen (z. B. Folgeprojekte, Umsetzung)
- Lessons Learned und Empfehlungen für weitere Projekte

Checkliste Projektabschluss

Die folgenden Fragen unterstützen Sie dabei, in der Endphase des Projekts nicht den Überblick zu verlieren.

- Ist das Projektziel erreicht?
- Wurden die Vorgaben eingehalten? Wenn nein, aus welchem Grund nicht?
- Gibt es neue Anforderungen aus dem abzuschließenden Projekt heraus?
- Welche Maßnahmen sind jetzt (noch) erforderlich?
- Was muss wie bis wann dokumentiert werden?
- Wer benötigt die Dokumentation?
- Wann und wie werden die Ergebnisse an die Fachbereiche übergeben?
- Wer ist für die weitere Betreuung und Umsetzung verantwortlich?
- Welche Folgeprojekte sind sinnvoll?
- Welche Empfehlungen zur Projektstruktur, Durchführung und Organisation zukünftiger Projekte gilt es weiterzugeben?
- Wann und wie wird die Projektgruppe aufgelöst?

Debriefing

Das Debriefing – durchgeführt als Workshop oder Interview – sollte die folgenden Fragen beantworten:

- Haben wir die definierten Ziele erreicht?
- Was haben wir aus der gemeinsamen Zusammenarbeit gelernt?
- Wo gab es im Projekt die größten Reibungsverluste / Probleme?
- Welche Herausforderungen gab es vor dem Hintergrund des internationalen Kontextes?
- Was lief rund und was sollte mit Blick auf zukünftige Projekte verbessert werden?
- Was haben wir zusätzlich während der Projektarbeit gelernt, das zukünftigen Projekten helfen kann?
- Wie wurde das Zusammenspiel Projektleiter – Projektteam empfunden?

Statt des Debriefing kann auch ein Lessons Learned-Workshop mit (ausgewählten) Projektmitarbeitern durchgeführt werden. Hier liegt der Schwerpunkt eher auf den Erfahrungen während der Projektphase. Dieser Workshop dreht sich um die folgenden vier zentralen Fragen:

- Was haben wir gut gemacht und was würden wir vergessen, wenn wir es nicht festhalten?
- Was haben wir gelernt?
- Was sollten wir das nächste Mal anders machen?
- Was gibt uns immer noch Rätsel auf?

Selbst wenn Projekte einmal schief laufen sollten, lohnt sich ein Blick zurück im Sinne des Debriefing.

Projektevaluation

Projektevaluation beinhaltet die Bewertung der Projektergebnisse. Wurden die Ziele (qualitativ / quantitativ) erreicht? Die Herausforderung jeder Evaluation ist die richtige Interpretation der zugrundeliegenden Daten, so z. B. wenn die Benutzerfreundlichkeit einer neuen IT-Anwendung „gemessen" und ausgewertet wird. Die gängigsten Verfahren zur Generierung entsprechender Daten sind bei quantitativer Betrachtung Zahlen und Fakten aus Controlling-Instrumenten oder Befragungen, bei denen die Antworten in skalierter Form gegeben werden können und bei qualitativer Betrachtung Ergebnisse aus möglichst halbstandardisierten Interviews. Die Projektevaluation bietet dem Auftraggeber und Projektleiter natürlich auch einen Qualitätsnachweis über die Leistung des Projektteams.

Projektübergabe

Bei der Übergabe wird das Projekt offiziell abgeschlossen und übergeben. Dies erfolgt in einer Art Abnahmeprotokoll. Es enthält

- die Darstellung des Projekts
- die aktuelle Situation am Ende des Projekts
- die Projektergebnisse (Dokumentationen, Pflichtenheft o. Ä.)
- die Übergabe an den Auftraggeber bzw. die Linie (Verantwortlichkeiten, Aufgaben, Kompetenzen)
- eventuell offene Punkte / Restarbeiten („Liste offener Punkte")
- eventuell Folgekosten und -leistungen (z. B. Gewährleistungsverpflichtungen)
- Hinweise für ein Umsetzungscontrolling

5

Stichwortverzeichnis

Die Autoren

Dr. Lothar Gutjahr ist seit 1996 Trainer, Coach, Berater und Mediator.

Seine Schwerpunkte: Er begleitet und leitet als Interimsmanager internationale Projekte, coacht Führungskräfte virtueller Teams und bietet Strategie- und Taktikberatung bei internationalen Verhandlungen. Unternehmensleitungen berät er bei strategischen Entscheidungen. Seit 2003 ist er Trainer bei der Unternehmensberatung KONZEPTE GmbH, seit 2006 Gesellschafter.

Christoph Nesgen ist seit 1991 Trainer, Coach und Berater.

Seine Schwerpunkte: Er leitet Seminare und Managementtrainings im In- und Ausland, steuert internationale Projekte der beruflichen Weiterqualifizierung, begleitet internationale Teams in Konflikt- und Teambuildingsituationen und berät Führungskräfte in der Phase der Übernahme einer neuen Führungsposition. Seit 2007 ist er u. a. für die KONZEPTE GmbH tätig.

KONZEPTE Gesellschaft für Beratung, Seminare und Medien mbH

Das Unternehmen und seine Berater, Trainer und Coaches begleiten seit 1990 Organisationen und Personen, die ihre Führungs-, Vertriebs- und Veränderungskultur zukunftsfähig ausrichten wollen – von der Konzeption bis zur Umsetzung.

Zur Kernzielgruppe zählen Entscheider, Projektverantwortliche und Projektpartner aus Unternehmen in Handel, Dienstleistung und Produktion, in Öffentlichen Diensten und Verwaltungen. Die Einsatzorte des Teams der Konzepte GmbH verteilen sich über ganz Europa.

Das Experten-Know-how aus dieser Tätigkeit werden im vorliegenden Buch dem Leser zugänglich gemacht: die Erfahrungen, Haltungen und Methoden internationaler Projektarbeit und interkultureller Kommunikation.

Kontakt: www.konzepte.com